Die Altauto-Verordnung

Springer

*Berlin
Heidelberg
New York
Barcelona
Budapest
Hong Kong
London
Mailand
Paris
Singapur
Tokio*

Jürgen Beudt   Stefan Gessenich (Hrsg.)

Die Altauto-Verordnung

Branchenwandel durch neue Marktstrukturen

Chancen und Grenzen für die Abfallwirtschaft

Mit 15 Abbildungen und 4 Tabellen

Springer

Jürgen Beudt
Stefan Gessenich

Umweltinstitut Offenbach GmbH
Nordring 82B
D-63067 Offenbach

Die Deutsche Bibliothek - CIP-Einheitsaufnahme

Die **Altauto-Verordnung**: Branchenwandel durch neue Marktstrukturen - Chancen und Grenzen für
die Abfallwirtschaft / Hrsg.: Jürgen Beudt;   Stefan Gessenich - Berlin; Heidelberg; New York;
Barcelona; Budapest; Hong Kong; London; Mailand; Paris; Singapur; Tokio: Springer, 1998
ISBN-13: 978-3-642-72241-7   e-ISBN-13: 978-3-642-72240-0
DOI: 10.1007/ 978-3-642-72240-0

Umschlaggestaltung: E. Kirchner, Heidelberg
Satz: Reproduktionsfertige Vorlage vom Verlag erstellt

SPIN: 10662333 30/3136   - 5 4 3 2 1 0 - Gedruckt auf säurefreiem Papier

Vorwort

Zu dem bestehenden untergesetzlichen Regelwerk des Kreislaufwirtschafts- und Abfallgesetzes vom September 1996 ist mit der Verabschiedung der „Verordnung über die Entsorgung von Altautos und die Anpassung straßenverkehrsrechtlicher Vorschriften" (Altauto-Verordnung) vom 4. Juli 1997 ein weitere Baustein des Vollzuges des „neuen" Abfallgesetzes hinzugekommen. Die Regelungen der Alt-auto-Verordnung treten am 1. April 1998 vollständig in Kraft.

Inwieweit die Aussage von Frau Dr. Angela Merkel „Die Altautoentsorgung war und ist geprägt von einer ganzen Reihe ökologischer Defizite, die einer Verbesse-rung bedürfen" (IAA-Kongreß, 17.September 1997, Frankfurt) durch die Regelun-gen der Altauto-Verordnung behoben werden können, ist in der Praxis abzuwarten.

Fakt ist, daß die Altauto-Verordnung Veränderungen und Erweiterungen der be-stehenden Regelungen im Anwendungsbereich „Besitzer von Altautos, Betreiber von Annahmestellen, Betreiber von Verwertungsbetrieben sowie Betreiber von Anlagen zur weiteren Verwertung sowie für die Frage der Sachverständigen" bein-haltet. Abgesehen von den Überlassungspflichten des Letztbesitzers und den Re-gelungen zu den Sachverständigen, bewegen sich die Anforderungen an die Be-triebe der Altautoentsorgungsbranche im Bereich technische Ausrüstung, Organi-sation und Dokumentation von Betriebsabläufen sowie in Teilbereichen mit Ziel-vorgaben, welche Verwertungsquoten in vorgegebenem Zeitrahmen erreicht wer-den sollen.

Der vorliegende Tagungsband läßt kompetente Referenten sämtlicher von der Altauto-Verordnung angesprochener Bereiche zu Wort kommen. Dieser Sach-standsbericht wird durch Darstellung von Beispielen aus der Praxis abgerundet. Die Verknüpfung der Altauto-Verordnung mit der nunmehr auch formell in Kraft getretenen Selbstverpflichtung der Wirtschaft wird ebenso thematisiert wie die gestiegenen Anforderungen an sogenannte „kleine" Altautoentsorger. Aus ver-schiedenen Blickwinkeln wird die künftige Entwicklung der Altautoentsorgung vor dem Hintergrund der nunmehr verabschiedeten Altauto-Verordnung kritisch dis-kutiert.

Das Umweltinstitut Offenbach bietet Dienstleistungen in den Bereichen Erfassung und Untersuchung von Umwelteinwirkungen sowie bei der Implementierung von (Umwelt-)Managementsystemen. Daneben werden Fachtagungen und Seminare zu aktuellen Umweltthemen durchgeführt. Die Fachtagungsreihe zur Altauto-Verordnung wird regelmäßig fortgeführt.

Offenbach, Juli 1998

Jürgen Beudt
Stefan Gessenich

Inhalt

Autoren

Dr. Peter Bleutge
Rechtsanwalt
Dorfstr. 46
53343 Wachtberg

Dipl.-Ing. Thomas Firmery
Kraftfahrzeug-Überwachungsorganisation
freiberuflicher Sachverständiger e.V.
Ahlenweg 1-3
66679 Losheim am See

Dipl.-Ing. Clemens Hensel
GWL Recyclinggruppe
Siemensstr. 18
63755 Alzenau

Prof. Dr. Ralf Holzhauer
Fachhochschule Gelsenkirchen
Von der Recke Str. 131
58300 Wetter

Ass. Claus Kapelke
Hauptgeschäftsführer Kfz-Innung
Brandenburger Str. 61
64297 Darmstadt

Dr. Axel Kopp
Bundesministerium für Umwelt, Naturschutz
und Reaktorsicherheit
Ahrstr. 20
53175 Bonn

Dipl.-Ing. Hans Peter Kremer
    TÜV Rheinland Sicherheit und Umweltschutz GmbH
    Am Grauen Stein
    51105 Köln

Roswitha Mikulla-Liegert
    Rechtsanwältin
    Leiterin der Abteilung Verbraucherschutz ADAC
    Forts Kasten Allee 121
    81475 München

Dr. Christian Schrader
    Bund für Umwelt und Naturschutz
    Klinkerfuesstr. 24
    37073 Göttingen

Dipl.-Ing. Anita Stadelbauer
    Büro für Umwelt und Qualitätsmanagement
    Milanweg 26
    93455 Traisching

Dr. Ralf Utermöhlen
    Agimus GmbH
    Goslarsche Str. 82
    38118 Braunschweig

Dr. Stefan Wöhrl
    Leiter der Abteilung Umwelt im
    Verband der Deutschen Automobilindustrie
    Westendstr. 61
    60325 Frankfurt

Die Altauto-Verordnung – Entwicklung und Umsetzung

Ralf Holzhauer

1   Kreislaufwirtschaft

Das kontinuierliche Ansteigen des Abfallaufkommens führte im Jahr 1972 erstmals zur Verabschiedung eines Abfallbeseitigungsgesetzes auf Bundesebene. Durch drei Novellierungen in den Jahren 1976, 1982 und 1985 erfolgte eine ständige Anpassung dieses Rechts an die weiterhin bestehende Abfallproblematik. Das steigende Wirtschaftswachstum und das damit verbundene Konsumverhalten der Gesellschaft trugen zu einer erneuten Novellierung in Form des 1986 in Kraft getretenen Gesetzes zur Vermeidung und Entsorgung von Abfällen, kurz Abfallgesetz (AbfG), bei. Dieses wurde in den folgenden Jahren durch Verordnungen, die die Produzenten stärker mit in die Verantwortung einbezogen, wie z.B. die Verordnung über die Vermeidung von Verpackungsabfällen (VerpackVO) und die Verordnung über die Entsorgung gebrauchter halogenierter Lösemittel (HKWAbfG), ergänzt (v. Köller 1995). Eine erneute, noch weitergehende Änderung wurde z.B. mit dem vom Rat der Sachverständigen im September 1990 vorgelegten Sondergutachten „Abfallwirtschaft" (Sachverständigenrat für Umweltfragen 1990) eingeleitet. Die Schwerpunkte der hier formulierten Forderungen lauten:

- Vermeidungsgebot,
- Vorrang der stofflichen gegenüber der thermischen Verwertung, soweit ökologisch vertretbar,
- Produktverantwortung der Hersteller für den gesamten Lebenszyklus,
- Kennzeichnung der Produkte bezüglich umweltrelevanter Eigenschaften,
- Wiederverwertbarkeit (v. Köller 1995, Deutscher Bundestag 1994).

Es wird die Abkehr vom bisherigen, überwiegend linearen hin zu einem zyklischen Produktlebensweg gefordert.

Um die Realisierung der zyklischen Strukturen zu beschleunigen, wurde gleichzeitig eine Verkürzung der Genehmigungsverfahren für Abfallbeseitigungsanlagen durch Änderung des Bundesimmissionsschutzgesetzes (BImSchG) vorangetrieben (Deutscher Bundestag 1994). Des weiteren wurde 1993 dem sich in Vorbereitung befindenden Kreislaufwirtschafts- und Abfallgesetz (KrW-/AbfG) vorgegriffen, indem eine Änderung im Investitionserleichterungs- und Wohnbaulandgesetz erfolgte. Ziel war eine Beschleunigung des Ablaufs der Genehmigungsverfahren von technisch ausgereiften Entsorgungsanlagen. Lediglich für Deponien verblieb das Planfeststellungsverfahren, alle übrigen Anlagen sind nach dem Genehmigungsverfahren des BImSchG zuzulassen.

Ein besonders wichtiger Aspekt bei der Erstellung des KrW-/AbfG war die Harmonisierung der Gesetze mit den EU-Bestimmungen.

Vom ersten Entwurf 1991 bis zum endgültigen KrW-/AbfG vergingen 3 Jahre. Das KrW-/AbfG wurde am 6. Oktober 1994 verabschiedet und ist am 07.10.1996 voll inhaltlich in Kraft getreten (Deutscher Bundestag 1994).

Das Gesetz über die Vermeidung und Entsorgung von Abfällen (AbfG) vom 27.08.1986 kennt den subjektiven und objektiven Abfallbegriff, der durch das Kreislaufwirtschafts- und Abfallgesetz näher konkretisiert wird (KrW-/AbfG § 3). Um Abfälle nach KrW-/AbfG einzustufen, müssen drei Voraussetzungen erfüllt sein (KrW-/AbfG § 4 Abs. 1 und § 3 Abs. 1):

- Die Abfälle müssen bewegliche Sachen im Sinne des Bürgerlichen Gesetzbuches sein (BGB § 90).
- Die Abfälle müssen unter die im Anhang des KrW-/AbfG aufgeführten Gruppen fallen (KrW-/AbfG Anhang I).
- Der Besitzer will oder muß sich dieser Sachen entledigen.

Diese Definition ist weiter gefaßt als im AbfG, in dem auch der Begriff Reststoffe verwandt wird. Der EU-rechtliche Abfallbegriff umfaßt nur noch Abfälle zur Beseitigung und Abfälle zur Verwertung. Gemäß KrW-/AbfG ergeben sich die Stoffströme in Abb. 1.

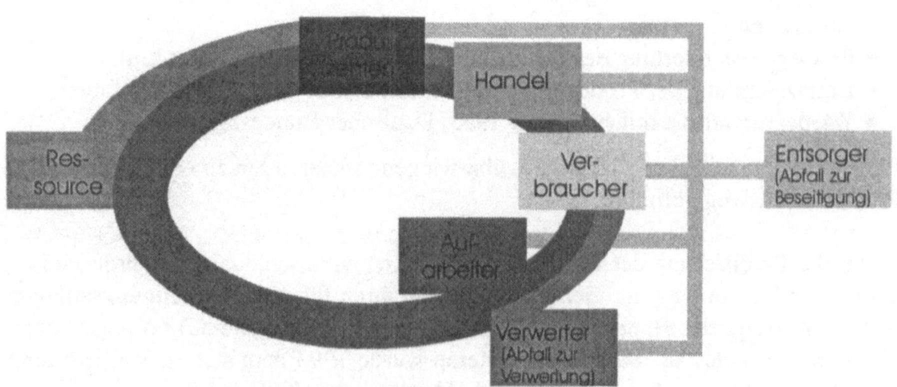

Abb. 1. Stoffströme und Begriffe in der Kreislaufwirtschaft

Ausgehend von Art und Beschaffenheit des Abfalls ist eine möglichst hochwertige Verwertung anzustreben. Es besteht die Pflicht zur Verwertung von Abfällen, wenn sie technisch möglich und wirtschaftlich zumutbar ist und ein entsprechender Markt für die gewonnenen Stoffe oder Energien aus Abfällen vorhanden ist oder geschaffen werden kann. Als technisch möglich wird hierbei der Stand der Technik angesehen.

Die Produktverantwortung liegt nach dem KrW-/AbfG bei denjenigen, die Erzeugnisse entwickeln, herstellen, be- oder verarbeiten oder vertreiben. Neben dieser Rechtsverordnung kann die Bundesregierung Verbote, Beschränkungen und Kennzeichnungen sowie Rücknahmepflichten und Rückgabemöglichkeiten verordnen. Die Schwerpunkte der Regelungen des § 22 (KrW/AbfG; Produktverantwortung) sind:

- mehrfache Verwendbarkeit von Werkstoffen und Baugruppen,
- Vorrang für Sekundärrohstoffe,
- Einsatz technisch langlebiger Erzeugnisse,
- Kennzeichnung schadstoffhaltiger Erzeugnisse,
- ordnungsgemäße und schadlose Verwertung nach dem Gebrauch,
- umweltverträgliche Beseitigung.

Die Grenzen der Produktverantwortung ergeben sich durch die Verhältnismäßigkeit der Anforderungen bezüglich

- technischer Möglichkeiten,
- wirtschaftlicher Zumutbarkeit,
- Vorhandensein eines Marktes.

2   Altauto-Verordnung – Freiwillige Selbstverpflichtung

Die „Verordnung über die Entsorgung von Altautos und die Anpassung von straßenverkehrsrechtlichen Vorschriften" (Altauto-Verordnung) ist ein Schritt zu der im Kreislaufwirtschaftsgesetz geforderten Produktverantwortung der Hersteller für den gesamten Lebenszyklus. Die Verordnung ist vor dem Hintergrund der stetig steigenden Pkw-Zulassungszahlen, dem hohen Aufkommen an Shredderleichtfraktion und einer schwer faßbaren Branche der Altautoverwertungsbetriebe (1996 ca. 4500 Betriebe) (Anonymus 1996) zu sehen.

Die Verordnung regelt die abfallrechtlichen Beziehungen und Abläufe zwischen den Besitzern von Altautos, den Betreibern von Annahmestellen, den Betreibern von Verwertungsbetrieben sowie den Betreibern von Anlagen zur weiteren Verwertung. Es ergeben sich für diejenigen Altautos, die Abfall im Sinne des § 3 Kreislaufwirtschafts- und Abfallgesetzes sind, die Überlassungs- und Dokumentationspflichten gemäß Abb. 2.

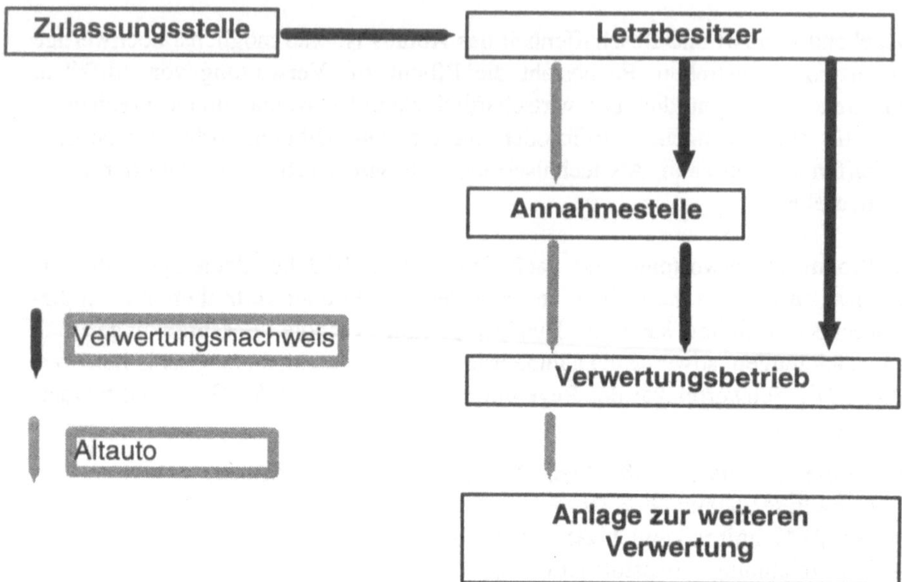

Abb. 2. Überlassungs- und Dokumentationspflichten nach Altauto-Verordnung

In dem Anhang zur Altauto-Verordnung werden die organisatorischen und techni-schen Anforderungen an die Einrichtung und Ausstattung einer Annahmestelle, eines Verwertungsbetriebes und einer Shredderanlage festgeschrieben. Als Ergeb-nis der durchzuführenden Verwertung muß der Anteil des Abfalls zur Beseitigung bis zum Jahr 2002 auf durchschnittlich 15% und bis zum Jahr 2015 auf durch-schnittlich 5% gesenkt werden.

Im Rahmen einer „Freiwilligen Selbstverpflichtung zur umweltgerechten Altau-toverwertung (Pkw) im Rahmen des Kreislaufwirtschaftsgesetzes" haben die be-teiligten Wirtschaftszweige und Verbände ihren Willen bekundet, die Umsetzung zu betreiben.

3   Altautoverwertung

Der Kreis der Beteiligten zur Umsetzung der Altautoverwertung kann in zwei Gruppen unterteilt werden, zum einen in die unmittelbar an der operativen Erar-beitung und Umsetzung Beteiligten:

- die Produzenten,
- der Handel,
- die Logistiker,
- die Recycler (Aufarbeiter, Verwerter),

und zum anderen in die mittelbar Beteiligten:

- die Behörden,
- die Verbraucher,
- die Wissenschaft,
- die Entsorger.

Die unmittelbar Beteiligten haben die Aufgabe, „Produkte zu entwickeln und in den Markt zu bringen, die kreislauffähig sind". Das Aufgabenspektrum reicht von der „recyclinggerechten" Produktentwicklung über die Schaffung von Akzeptanz bei den Verbrauchern, den Aufbau von Redistributionsstrukturen, die mengen- und qualitätsmäßig berechenbar sind, bis zur Entwicklung von Aufarbeitungstechniken.

Im Sinne einer Nutzung der Altprodukte unter Erhaltung eines möglichst hohen Wertschöpfungspotentials wird dem Einsatz von aufgearbeiteten Bauteilen und Baugruppen zukünftig eine größere Bedeutung zukommen. Gemäß Altauto-Verordnung sollen bis zum Jahr 2002 Bauteile, Materialien und Betriebsflüssig-keiten mit einem Gewichtsanteil von durchschnittlich mindestens 15% bezogen auf das jeweilige Leergewicht eines Altautos durch einen Verwertungsbetrieb wieder- und weiterverwendet werden oder einer Verwertung zugeführt werden. Dies führt dazu, daß die Qualität der Unternehmen, die die Kreislaufführung durchführen, steigen muß.

Die mittelbar Beteiligten haben die Aufgabe, Rahmenbedingungen zu schaffen, die den unmittelbar Beteiligten erlauben, kreislauffähige Produkte zu vermarkten. Der Schwerpunkt liegt hier auf dem Vermarkten, denn es ist nicht nur Kreislauf gefordert, sondern Kreislauf*wirtschaft*. In diesem Spannungsfeld und in einem Umfeld gemäß Abb. 3 bewegt sich die existierende Branche der Altautoverwerter auf dem Weg in eine neue, technisch höherwertige Zukunft.

Der Autoverwerter vermarktet gebrauchte Ersatzteile und Werkstoffe. In der Ver-gangenheit wurde dieser Wirtschaftszweig von der Öffentlichkeit und auch von den Firmenpartnern wenig beachtet. Die wesentlichen Rahmenbedingungen, die den Verwerteralltag bestimmen, sind:

- die Akquisition „hochwertiger" Pkw, die am Ersatzteilmarkt nachgefragt werden, und

- die rechtlichen Vorgaben durch die Genehmigungs- und Überwachungs-behörden.

Der Kunde ist nicht nur der Einzelkunde, der seinen defekten Anlasser preisgün-stig ersetzen will, sondern auch die freie Werkstatt und in geringerem Umfang die Markenwerkstatt, die ihren Kunden eine preisgünstige, umweltgerechte und sogar mit Garantie versehene Lösung anbietet. Diese drei genannten Gruppen sind gleichzeitig die Quellen der Altfahrzeuge.

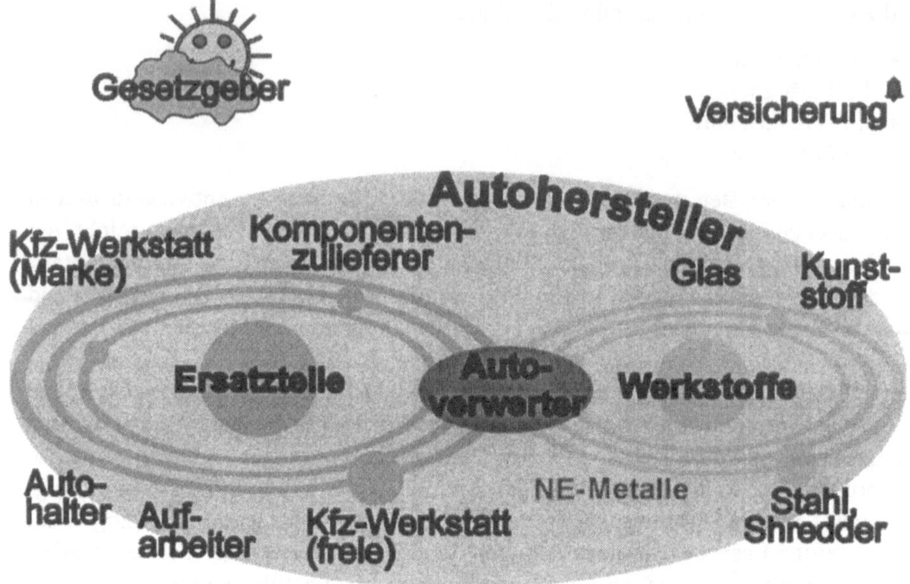

Abb. 3. Umfeld der Altautoverwertung (Bettray 1997)

Aber „leider" läßt sich nicht das gesamte Fahrzeug in Ersatzteilen vermarkten. Es bleibt ein Rest, der in die werkstoffliche Vermarktung geht. Die Spanne reicht hier von den sortenrein anfallenden Stoffen wie Öle, Benzin und Altbatterien, bis zur Restkarosse, die dann meist geplättet den Verwerterhof verläßt. Hier endet die Einflußmöglichkeit des Verwerters, und das nächste Glied der Altautoverwertungskette greift.

Seit sich die Wirtschaft in Richtung Kreislaufwirtschaft bewegt, hat sich das Umfeld geändert. Für den Betrieb eines Unternehmens existieren engere Regularien bezüglich Ausstattung und Dokumentation. Das Gelände muß exakt eingeteilt sein, das Personal muß über eine „Qualifikation" verfügen, und Dokumentationen wie ein Betriebshandbuch und Betriebstagebuch müssen geführt werden. Öffentlich bestellte Sachverständige prüfen die Einhaltung der Regularien und erteilen die Genehmigung zur Ausstellung eines Verwertungsnachweises.

Neue Wettbewerber sind am Markt, große Demontagezentren mit Stetigfördersystemen, fahrerlosen Transportsystemen und automatisierten Pkw-Lagern – große Investitionen, die großen Durchsatz benötigen.

Die Automobilhersteller greifen über Sonderrücknahmeaktionen und Rahmenverträge in den Markt ein.

Zur Erreichung der notwendigen Recyclingquoten ist das Kerngeschäft der Autoverwerter, die Ersatzteile, das unproblematische Feld. Weiterverwendung von
demontierten Altbauteilen bedeutet 100% Recycling.

Auf der Seite der Werkstoffe ist eine sinnvolle Kombination zwischen der De-
montagetiefe und der nachgeschalteten Verfahrenstechnik noch nicht gefunden.

Mit der Altautoverordnung und der Freiwilligen Selbstverpflichtung ist ein rechtlicher Rahmen für die Zukunft geschaffen. Fragen wie

- Wie weitgehend muß ein Pkw demontiert werden, um eine wirtschaftliche
  Werkstoffrückgewinnung und somit Erfüllung der geforderten Verwertungsquoten zu erreichen ?

- Wie wird das System finanziert ?

müssen detailliert bearbeitet werden.

Der Schritt in eine neue, andere Zukunft der Automobilverwertung muß einen
technisch sinnvollen Technologiesprung für die Automobilverwerter bedeuten.
Durch die sich abzeichnende Bildung von Verbundstrukturen und neue potente
Wettbewerber wird die notwendige Ersatzteilvermarktung qualitativ aufgewertet
(Bettray 1997).

Literatur

Anonymus (1996) kfz-Betrieb, Wochenzeitung für Automobilhandel- und Service, Ausga-
be 10.04.96
Bettray, B. (1997) Auswirkungen der Altautoverordnung für Autoverwertungsbetriebe,
Vortrag IAA
Deutscher Bundestag (Hrsg.) (1994) Zur Sache 6/94, Gesetz zur Vermeidung von Rück-
ständen, Verwertung von Sekundärrohstoffen und Entsorgung von Abfällen, Referat Öf-
fentlichkeitsarbeit, Bonn
Köller, H. v. (1995) Kreislaufwirtschafts- und Abfallgesetz: Textausgabe mit Erläuterun-
gen, Erich Schmidt Verlag, Berlin
Rinschede, A. Wehking, K.-H. (1995) Entsorgungslogistik III – Kreislaufwirtschaft, Erich
Schmidt Verlag, Berlin
Sachverständigen Rat für Umweltfragen (1990) Abfallwirtschaft, Sondergutachten, Metz-
ler-Poeschel Verlag, Stuttgart

Anforderungen und Anerkennung von Altautoannahmestellen

Claus Kapelke

1 Die Rolle der Kfz-Innungen im Rahmen der Altauto-Verordnung

Die Kfz-Innungen spielen im Rahmen der Altauto-Verordnung eine wichtige Rolle. Innungen sind Körperschaften des öffentlichen Rechts und finden ihre Verankerung in § 52 ff der Handwerksordnung. Eine Innung ist der freiwillige Zusammenschluß von selbständigen Handwerkern des gleichen Handwerks und hat als wichtigste Aufgaben die Betreuung der Mitglieder in fachlicher Hinsicht, die Überwachung der Lehrlingsausbildung, die Abnahme der Gesellenprüfung und die Unterstützung der Handwerksorganisation bei der Erfüllung ihrer Aufgaben.

Innungen des Kfz-Gewerbes (§§ 52 ff HWO) – Aufgaben:

- Betreuung der Mitgliedsbetriebe,
- Überwachung der Lehrlingsausbildung,
- Abnahme der Gesellenprüfungen,
- Schlichtung von Streitigkeiten u.a.

Wie kommen die Kfz-Innungen zu ihrer wichtigen Rolle? 1993 wurde aus der Abgassonderuntersuchung die Abgasuntersuchung. Anerkannt wurden nur die Kfz-Betriebe, die gewisse, vom Gesetzgeber vorgeschriebene Bedingungen erfüllten. Beauftragt mit dem Anerkennungsverfahren wurden die örtlich zuständigen Kfz-Innungen.

Die Kfz-Betriebe übernehmen hier eine öffentlich-rechtliche Aufgabe, indem sie die Abgasuntersuchung durchführen. Die Überwachung liegt im Zuständigkeitsbereich der Kfz-Innung. Diese zusätzliche Aufgabe der Innungen wurde von diesen gewissenhaft erfüllt, so daß der Gesetzgeber nun weitere Aufgaben an die Innungen und deren Kfz-Betriebe überträgt. So werden nicht nur die Ozon-Plaketten über die Innungen an die Betriebe gegeben, sondern auch die neue Sicherheitsprüfung, die als Nachfolgeregelung die Bremssonderuntersuchung und die Zwischenuntersuchung in den nächsten Jahren ablöst. Das Zulassungsverfahren geht dann auch über die Innungen, nicht mehr, wie seither, über den Regierungspräsidenten.

Zusätzliche hoheitliche Aufgaben:

- Anerkennungsverfahren zur Abgasuntersuchung,
- Abgabe der Ozon-Plaketten,
- Anerkennungsverfahren zur Sicherheitsprüfung (Gesetzesentwurf),
- Anerkennungsverfahren zur AltautoVO.

Da sich der Bundesverband der Kfz-Innungen, der Zentralverband Deutsches Kraftfahrzeuggewerbe, schon frühzeitig mit dem Thema Altautoentsorgung befaßt hat und auch maßgeblich an der Freiwilligen Selbstverpflichtung mitgewirkt hat, kam es zur vorliegenden Lösung.

2   Altautoannahmestellen – Dienstleistung der Kfz-Werkstätten

Das Deutsche Kraftfahrzeuggewerbe leistet einen erheblichen Beitrag zur Umsetzung der Freiwilligen Selbstverpflichtung dadurch, daß eine weitgehend flächendeckende Infrastruktur zur Annahme von Altautos zur Verfügung gestellt wird. Das Annehmen und Entsorgen von Altautos ist zwar nicht eine klassische Aufgabe eines Kfz-Unternehmers, dennoch ist es für alle Beteiligten positiv, wenn ein Autohaus oder eine Kfz-Werkstatt auch beim Kfz-Recycling als Dienstleister zur Verfügung steht.

Ein Leben lang werden die Kundenfahrzeuge von der Kfz-Werkstatt betreut. Nun kann die Werkstatt eine umfangreiche Betreuungsleistung über Verkauf, Wartung und Reparatur bis hin zur Annahme der Altautos anbieten. Die Werkstatt stellt somit eine Mittlerrolle zwischen dem Altautobesitzer und dem lizenzierten Verwertungsbetrieb dar.

3   Verfahren und Voraussetzung für die Anerkennung

3.1   Anerkennungsverfahren

Die Kfz-Betriebe sind mit Inkrafttreten der Altauto-Verordnung berechtigt, als anerkannte Annahmestellen Altautos vom Letztbesitzer entgegenzunehmen. Voraussetzung ist jedoch, daß die Anforderungen bezüglich der Platzgröße, der Platzaufteilung und der Ausrüstung eingehalten werden. Die Erteilung einer entsprechenden Bescheinigung über die Einhaltung der festgelegten Anforderungen erfolgt im Kfz-Gewerbe durch die örtlich zuständige Kfz-Innung.

Anerkennungsverfahren – Ablauf

1. Antrag an Kfz-Innung richten,
2. Kfz-Innung prüft die Voraussetzungen,
3. Betrieb erhält Bescheid für 12 Monate,
4. Betrieb bekommt Kontrollnummer zugeteilt,
5. für Innungsmitglieder gibt es ein entsprechendes Hinweisschild.

Zunächst muß der Kfz-Betrieb einen Antrag, der bei der Kfz-Innung erhältlich ist, in dreifacher Ausfertigung bei der zuständigen Kfz-Innung stellen. Hierbei ist zu beachten, daß für jede Betriebsstätte (Hauptsitz, Zweigstelle, Nebenbetrieb) ein gesonderter Antrag zu stellen ist. Die Kfz-Innung prüft daraufhin vor Ort, ob die Anforderungen erfüllt sind. Falls dies der Fall ist, erhält der Kfz-Betrieb einen Bescheid, der ein Jahr gültig ist.

Auf erneuten Antrag führt die zuständige Kfz-Innung alle 12 Monate eine Überprüfung der Altautoannahmestelle durch. Des weiteren erhält der Betrieb eine Kontrollnummer zugeteilt, die im Aufbau der Kontrollnummer aus dem bekannten AU-Verfahren ähnelt.

Der Betrieb bekommt eine Kontrollnummer zugeteilt:

A-XY   0   00   0000

A   = Altautoannahmestelle
XY = Bundesland
0   = nicht belegt
00   = Nummer der Innung
0000 = Nummer der Annahmestelle

Aus dieser Nummer ist ersichtlich, in welchem Bundesland der Betrieb liegt, welche Kfz-Innung zuständig ist, und die Betriebsnummer an sich.

Handelt es sich um einen Meisterbetrieb der Kfz-Innung, sprich um ein Innungsmitglied, erhält er noch ein Schild, das ihn als Meisterbetrieb der Kfz-Innung und anerkannte Annahmestelle für Altautos kennzeichnet.

3.2   Anforderungen an Kfz-Betriebe

Folgende Anforderungen an den Kfz-Betrieb müssen erfüllt sein:

1. Eintragung in Handwerksrolle,
2. persönliche Zuverlässigkeit,
3. Erfahrungen in Fahrzeugtechnik,
4. Vertrag mit Verwertungsbetrieb,

5. entsprechende Platzgröße und Ausrüstung,
6. Arbeitsanweisung,
7. Betriebstagebuch.

3.2.1 Handwerksbetrieb

Der Betrieb muß die Eintragung in die Handwerksrolle mit dem Kfz-Mechaniker- oder Kfz-Elektrikerhandwerk nachweisen.

3.2.2 Zuverlässigkeit

Die persönliche Zuverlässigkeit der verantwortlichen Personen muß nachgewiesen werden.

3.2.3 Erfahrung

Der Inhaber bzw. die beauftragte Person (Geselle oder Meister) muß entsprechende Erfahrungen auf dem Gebiet der Kraftfahrzeugtechnik vorweisen können, um die in § 4, Absatz 1 der Altauto-Verordnung gestellten Anforderungen zu erfüllen.

3.2.4 Vertrag mit Verwerter

Der Kfz-Betrieb muß eine Vertragsvereinbarung mit einem anerkannten Verwertungsbetrieb nachweisen.

3.2.5 Platzgröße und Platzaufteilung

Für die Annahme, Bereitstellung und Weiterleitung der Altautos sind auch die Anforderungen bezüglich der Platzgröße, der Platzaufteilung und der Ausrüstung zu erfüllen.

Hier ist darauf hinzuweisen, daß die entsprechenden landesrechtlichen Regeln zu beachten sind. Hier kann es zu Unterschieden zwischen den Bundesländern kommen.

Die Abstellfläche
Entscheidend für die Anerkennung ist die Anforderung an die Abstellfläche für die Annahme und Bereitstellung der Altautos. Im folgenden wird an drei Beispielen dargestellt, wie die Bedingungen erfüllt werden können. Hierbei ist von einer Stellplatzfläche je Altauto von 2,5 m x 5 m auszugehen.

a) Abstellfläche im Werkstattbereich
Innerhalb einer Kfz-Werkstatt ist es grundsätzlich möglich, eine Abstellfläche für Altautos auszuweisen. Der Hallenboden muß beispielsweise mindestens aus Beton bestehen, plus Fliese oder Kunststoffbeschichtung auf Epoxitharzbasis.

b) Abstellfläche im Außenbereich (nicht überdacht)
Es ist zu beachten, daß der Untergrund so gewählt wird, daß keine schädlichen Setzungen auftreten können. Darüber hinaus ist er mit einer ebenen Decke aus Asphaltbeton oder Beton (z.B. B25 mineralölundurchlässig und säurebeständig) zu versehen. Bei solch einer Abstellfläche müssen die Abläufe an einen Leichtflüssigkeitsabscheider angeschlossen werden.

c) Abstellfläche im Außenbereich (überdacht)
Die Abstellflächen sind, wie in Punkt a und b erwähnt, aus Beton bzw. Asphaltbeton zu gestalten. Vorstellbar ist hier z.B. eine Carport-Lösung oder eine Fertiggarage mit entsprechender Größe und Bodenbeschaffenheit. Ein zusätzlicher Anschluß an einen Leichtflüssigkeitsabscheider wäre nicht erforderlich.

Empfehlenswert ist jedoch eine zusätzliche Sicherung durch Auffangwannen. Hier müßten mindestens zwei Wannen pro Abstellplatz bereitgestellt werden.

Sonstige Bedingungen
Die Größe der Abstellfläche ist von der Aufnahmekapazität her dem Abruf- bzw. Abholrhythmus des Verwerters anzupassen. Außer Annahme und Erfassung finden in der Annahmestelle keine weiteren Behandlungen der Altautos statt. Dies bedeutet, daß weder Teile demontiert werden dürfen noch daß das Fahrzeug trockengelegt wird.

Die angenommenen Altautos dürfen auch nicht direkt übereinandergeschichtet und nicht auf der Seite oder auf dem Dach liegend bereitgestellt werden. Es ist darauf zu achten, daß Beschädigungen flüssigkeitstragender Bauteile (z.B. Benzintank, Bremsleitungen etc.) oder demontierbarer Teile vermieden werden.

In die Annahmestelle muß zur Begutachtung der Altautos entweder eine Grube, Hebebühne oder Rampe vorhanden sein. Selbstverständlich ist das Vorhalten von Bindemitteln für ausgetretene Betriebsflüssigkeiten, ebenso wie ausreichende Feuerlöscheinrichtungen. Die Anlage muß eingefriedet und mit einem Hinweisschild versehen sein, aus dem der Name, die Anschrift und die Öffnungszeiten der Annahmestelle hervorgehen.

3.2.6 Arbeitsanweisung

Im Kfz-Betrieb muß eine Arbeitsanweisung erstellt und gut sichtbar angebracht werden. Diese bezieht sich auf die betriebsinterne Annahme, Bereitstellung und Weiterleitung von Altautos an einen lizenzierten Verwertungsbetrieb.

3.2.7 Betriebstagebuch

Der Kfz-Betrieb hat ein Betriebstagebuch zu führen. Das Betriebstagebuch ist sorgfältig zu führen und ist auf Verlangen der überwachenden Kfz-Innung bzw. der zuständigen Behörde vorzulegen. Im Betriebstagebuch sind die verschiedenen Vertragsvereinbarungen mit den Verwertungsbetrieben niederzulegen. Des weiteren müssen sämtliche ein- und ausgehenden Altautos dokumentiert werden. Ebenfalls müssen die Kopien der ausgegebenen Verwertungsnachweise eingefügt werden. Sollte es besondere Vorkommnisse oder Betriebsstörungen geben, so sind diese inkl. der Ursachen und durchgeführten Maßnahmen zu dokumentieren.

Das Betriebstagebuch – zu dokumentieren sind:

- die verschiedenen Vertragsvereinbarungen mit den Verwertungsbetrieben,
- alle ein- und ausgehenden PKW,
- Kopien der ausgegebenen Verwertungsnachweise,
- besondere Vorkommnisse und Betriebsstörungen inkl. der Ursachen und durchgeführten Maßnahmen.

4   Anerkennung als Altautoannahmestelle und fortlaufende Überprüfung

Sind alle Bedingungen erfüllt, erteilt die zuständige Kfz-Innung für die Dauer von 12 Monaten die entsprechende Bescheinigung. Die Kfz-Innung ist auch zur laufenden Überwachung verpflichtet. Kommt es zu Abweichungen, so hat der Betrieb diese innerhalb einer von der Kfz-Innung angegebenen Frist zu beheben.

Sollte es sich dabei um erhebliche Mängel handeln, die weiterhin nicht behoben wurden, ist eine Abmahnung möglich. Kommt der Betrieb auch dann nicht den Forderungen der Kfz-Innung nach, so ist eine erneute Bescheinigung über die Einhaltung der Anforderungen für das Folgejahr nicht mehr zu erteilen. Damit verliert der Betrieb die Berechtigung zur Annahme von Altautos und das Aushändigen des Verwertungsnachweises an den Letztbesitzer.

Durch die laufende Überwachung der Betriebe durch die anerkennende Kfz-Innung und die regelmäßige Überprüfung der Anforderungen kann im Kfz-Gewerbe sichergestellt werden, daß jederzeit eine ordnungsgemäße Altautoentsorgung durchgeführt wird.

Die Freiwillige Selbstverpflichtung zur umweltgerechten Altautoverwertung (PKW) – Ausblick auf die EU-Altautorichtlinie

Stefan Wöhrl

Ende der 80er Jahre sah sich die Politik einem drohenden Problem ausgesetzt, da die Verwertung von Altfahrzeugen Umweltprobleme generierte und ein stark steigendes Abfallaufkommen aus der Altautoverwertung befürchtet wurde.

Die Zahl der Betriebe, die sich Anfang der 90er Jahre mit der Altautoverwertung (einschließlich Altautosammlung) beschäftigten, wurde auf rund 4500 geschätzt. Es wurde angenommen, daß davon etwa 1800 die Anforderungen des Merkblattes der Länder-Arbeitsgemeinschaft Abfall von 1978[1] annäherungsweise erfüllen würden. Die Zahl der Altautoverwerter, die kurzfristig aus eigener Kraft eine moderne Demontageanlage erstellen könnten, wurde seinerzeit mit etwa 100-150 Autoverwertern als sehr gering eingeschätzt. In der Schriftenreihe der Forschungsvereinigung Automobiltechnik e.V. wurde diese Veröffentlichung als „Untersuchung von Unternehmensstrukturen und Bestimmungen der technischen Leistungsfähigkeit moderner Altautoverwerterbetriebe" veröffentlicht. Heute schätzen wir, daß aufgrund der Innovationen in diesem Bereich mittelfristig etwa 500-800 Betriebe in der Lage sind, umweltgerecht Altfahrzeuge zu verwerten.

Die Furcht vor steigenden Abfallmengen aus der Altautoverwertung rührte daher, daß die Fahrzeuge einen immer größeren Anteil von nichtmetallischen Werkstoffen enthielten, die seinerzeit nicht verwertbar waren. Weiter stiegen die Löschungszahlen der Kraftfahrzeuge deutlich an. Dies wurde mit einer Prognose verbunden, die noch weitere steigende Löschungs- und entsprechende Rückstandszahlen verhieß. Die tatsächlichen Löschungszahlen für Deutschland blieben hinter den ursprünglich angenommenen deutlich zurück. Statt der für 1992 erwarteten 2,7 Mio. wurden nur 1,9 Mio. verwertet.

---

[1] Zwischenzeitlich hat die LAGA ein neues Merkblatt veröffentlicht.

Im Jahre 1996 wurden 3,14 Mio. Fahrzeuge abgemeldet. Davon standen theoretisch 2,2 Mio. der Verwertung zur Verfügung. Von diesen wurden etwa 700 000 exportiert, d.h. in Deutschland selbst wurden lediglich 1,5 Mio. Autos verwertet.

Der Anteil an Shredderrückständen aus der Automobilverwertung kann nur grob geschätzt werden, da Altautos in der Regel mit Kühlschränken und anderen Geräten aus der Gruppe der sogenannten „weißen Ware" geshreddert werden. Wir haben für den Autoanteil bisher auf 400 000–450 000 t veranschlagt, sofern man jedoch die neuesten Schätzzahlen nimmt, dürfte diese Zahl noch deutlich darunter liegen. Dies ist, auf die Gesamtabfallsituation in Deutschland von rund 330 Mio. t bezogen, eine Größenordnung von deutlich unter 1%. Es sei hier an die Presseerklärung des BMU vom 25. Januar 1996 erinnert, in der die Zahl von 337 Mio. t Abfall genannt wurden.

In dieser Situation hatte das Umweltministerium Anfang der 90er Jahre beabsichtigt, eine Altauto-Verordnung zu erlassen. Der letzte Entwurf enthält u.a. Forderungen wie

- umweltgerechte Demontage,
- Trockenlegung,
- Verwertungsnachweis,
- Verwertungspflichten,
- Verwertungsquoten,
- kostenlose Rücknahmepflicht des Herstellers oder Importeurs.

Auf die damalige Verordnung wird nicht näher eingegangen, es wird aber deutlich gemacht, daß die Festschreibung von Verwertungspflichten und Verwertungsquoten und insbesondere die Verpflichtung des Herstellers oder Importeurs zur kostenlosen Rücknahme von Altautos aus Sicht der Automobilindustrie nicht mit marktwirtschaftlichen Ordnungsprinzipien vereinbar ist.

In dieser Situation hatten der VDA und zwischenzeitlich 15 weitere Verbände, die Kraftfahrzeuge/Pkw herstellen, importieren oder an der Produktion von Kfz-Teilen bzw. -vorstoffen und deren Verwertung beteiligt sind, das „Gemeinsame Konzept" oder – wie es heute heißt – die „Freiwillige Selbstverpflichtung zur umweltgerechten Altautoverwertung (Pkw) im Rahmen des Kreislaufwirtschaftsgesetzes" verfaßt. Am 21. Februar 1996 wurde von der Präsidentin des Verbandes der Automobilindustrie und den Vertretern der weiteren Verbände dieses Papier nach langwierigen Verhandlungen zwischen Umweltministerium einerseits und den 15 Verbänden andererseits der Bundesumweltministerin übergeben. Der VDA und die 14 weiteren am Konzept beteiligten Verbände haben sich folgendes zum Ziel gesetzt:

- die recyclinggerechte Konstruktion der Fahrzeuge und ihrer Teile,
- die umweltverträgliche Behandlung der Altautos, insbesondere bei der Entnahme von Betriebsstoffen und bei der Demontage,

- die Entwicklung, den Aufbau und die Optimierung von Stoffkreisläufen und Verwertungsmöglichkeiten, insbesondere der Shredderleichtfraktion und
- die Schonung der Ressourcen.

Den Trägern des gemeinsamen Konzeptes ist bewußt, daß zur Verbesserung der Situation beim Kfz-Recycling alle Beteiligten ihre Beiträge leisten und gleichmäßig Rechte sowie Pflichten und Verantwortung entsprechend ihrem Know-how und ihrem Anteil am Produkt übernehmen müssen.

Wir, die Automobilhersteller und ihre Zulieferer, übernehmen die Verantwortung für unser Produkt. Unsere Verantwortung konzentriert sich in erster Linie auf Planung, Entwicklung und Bau der Automobile und ihrer Teile. Dies ist ein wesentlicher Punkt unserer Produktverantwortung.

Die Recyclingwirtschaft konzentriert sich auf die Trockenlegung und Demontage, Aufbereitung sowie das Getrennthalten, Wiederverwenden und Weiterverwerten von Teilen und Materialien. Die Automobilindustrie wird die Recyclingwirtschaft mit entsprechenden Informationen über die Fahrzeuge, wie z.B. Demontageanleitungen, informieren.

Die grund- und werkstoffproduzierende Industrie wird gemeinsam mit der Automobilindustrie und der Recyclingwirtschaft für den entsprechenden Werkstoff die Entwicklung sinnvoller Verfahren zur Verwertung von Altmaterialien aus Kraftfahrzeugen betreiben, entwickelte Verfahren nach ökonomischen Kriterien einsetzen und gemeinsam mit den Lieferanten der Automobilindustrie und weiteren Kunden den Einsatz von Rezyklaten verstärken.

In diesen Kreis tritt der Fahrzeughalter mit ein. Seine Verantwortung konzentriert sich auf den umweltgerechten Umgang mit dem Fahrzeug, d.h. die ausschließliche Verwendung von nichtkontaminierten Betriebs- und Schutzmitteln sowie von Demontage oder verwertungsfreundlichen Zusatzteilen. Darüber hinaus muß der Letzthalter oder Letztbesitzer sein Altauto bei einer Annahmestelle oder einem zertifizierten Verwerterbetrieb abgeben.

Der zugesagte Koordinierungskreis, heute Arbeitsgemeinschaft Altauto (ARGE), wurde beim VDA zur Erfüllung der nachfolgend näher definierten Verpflichtung eingerichtet. Diese hat insbesondere die Aufgabe, zum Meinungsaustausch innerhalb der beteiligten Verbände beizutragen und die erforderlichen Grundlagen und Vorschläge zur Durchführung der Selbstverpflichtung herauszustellen. Die ARGE ist das zentrale Gremium der Freiwilligen Selbstverpflichtung. Neben diesem soll noch ein Beirat eingesetzt werden, dem sowohl Vertreter der Bundesbehörden als auch Verbraucherorganisationen angehören sollen.

Die beteiligten Verbände sagen insgesamt zu, eine flächendeckende Infrastruktur zur Rücknahme und Verwertung von Pkw in Deutschland aufzubauen. Dies bedeutet nicht, daß es heute keine solche Infrastruktur gibt, sondern daß diese auf eine umweltfreundliche Handlungsweise umgestellt werden muß, sofern dies noch nicht geschehen ist. Wir rechnen damit, daß 500-800 Verwerterbetriebe erforderlich sind, um eine solche flächendeckende Verwertung sicherzustellen. Darüber hinaus wird es nach Auskunft des Präsidenten des Zentralverbandes Deutsches Kraftfahrzeuggewerbe (ZDK) mehr als 10 000 Annahmestellen geben, die direkt mit Verwerterbetrieben verbunden sein werden.

Weiter sagen die beteiligten Branchen eine flächendeckende Infrastruktur zur Rücknahme und Verwertung von Altteilen aus Pkw-Reparaturen zu. Auch hier gibt es bereits existierende Systeme. Zur Zeit werden hier die Möglichkeiten der Dokumentation der Umsetzung geprüft.

Eine wesentliche Zusage ist, bezogen auf die umweltverträgliche Entnahme von Betriebsstoffen, die Demontage und die Verwertung von Teilen und Materialien von Altautos sowie die ordnungsgemäße Beseitigung der anfallenden, nichtverwertbaren Abfälle. Hierzu hat eine Arbeitsgruppe bereits Anforderungsprofile für Altautoverwerter und Autoannahmestellen ausgearbeitet sowie diese um Checklisten ergänzt. Die ARGE hat hier bereits ihre Pflichten erfüllt.

Ein ganz wesentlicher Punkt der gemeinsamen Zusage ist die Schonung der natürlichen Ressourcen im Sinne der Kreislaufwirtschaft durch Verbesserung der Verwertung von Altautos. Bis spätestens zum Jahre 2002 soll die heute zu beseitigende Abfallquote von rund 25% des Altautos auf maximal 15% und bis zum Jahre 2015 auf maximal 5 Gew.-% verringert werden. Dies ist ein ausgesprochen anspruchsvolles Ziel und kann nur in Zusammenarbeit aller Beteiligten gelöst werden. Vermutlich wird eine Infrastruktur entstehen, die sich sowohl auf die Demontage einzelner Teile als auch auf die rohstoffliche bzw. thermische Verwertung der Shredderleichtfraktion stützen wird.

Damit die Regierung die Freiwillige Selbstverpflichtung überprüfen kann, haben sich die beteiligten Verbände bereit erklärt, einen zweijährlichen Bericht an das BMU und das BMWI über die Umsetzung dieser Freiwilligen Selbstverpflichtung zur umweltgerechten Altautoverwertung zu übermitteln. Dies soll erstmalig zwei Jahre nach Inkrafttreten der Selbstverpflichtung erfolgen. Darüber hinaus sagen die Automobilhersteller und Importeure zu:

- eine Rücknahme der Altfahrzeuge nach üblichen Konditionen und
- eine weitere Verbesserung der Wertungseigenschaften ihrer Erzeugnisse.

Zusätzlich zu diesen Zusagen werden auch Fahrzeuge, bei denen ansonsten ein Verwertungsbeitrag vom Letztbesitzer erhoben werden müßte, kostenlos zurückgenommen, sofern die Personenkraftwagen für den Markt der EU bestimmt und zuletzt mindestens 6 Monate in Deutschland auf den Anlieferer zugelassen waren.

Weiter dürfen die Fahrzeuge nicht älter als 12 Jahre sein und müssen folgende Bedingungen erfüllen:

- Personenkraftwagen,
- vollständig und rollfähig,
- frei von Abfällen,
- ohne wesentliche Beschädigungen,
- Art und Zustand von Teilen und Zubehör entsprechen den öffentlich-rechtlichen Bestimmungen.

Die Selbstverpflichtung trat mit Schaffung der rechtlichen Rahmenbedingungen in kraft. Hier sind insbesondere der Verwertungsnachweis und die Zertifizierung (Überprüfung) von Altautoverwerterbetrieben zu nennen. Die Automobilindustrie hat hierzu den Ministerien Vorschläge unterbreitet. Für die Zertifizierung hat zwischenzeitlich auch die Ländergemeinschaft Abfall (LAGA) einen Vorschlag entwickelt, der deutlich über die für den umweltgerechten Betrieb von Altautodemontageanlagen erforderlichen Bedingungen hinausgeht. Das Konzept der LAGA enthält auch Elemente des ursprünglichen Verordnungsentwurfs des Bundesumweltministers.

Im Juli wurde die Altauto-Verordnung im Bundesgesetzblatt veröffentlicht. Diese schafft den rechtlichen Rahmen für eine umweltgerechte und ökonomisch sinnvolle Altautoverwertung. Durch den Verwertungsnachweis und die Zertifizierung von Altautoverwerterbetrieben wird sichergestellt, daß auch der bisherige Bestand von mehr als 41 Mio. Fahrzeugen einer umweltgerechten und ordnungsgemäßen Verwertung zugeführt wird. Dies ist ein positiver Umwelteffekt, der noch deutlicher als bisher von der Öffentlichkeit gewürdigt werden sollte. Ab Gültigkeit des Verwertungsnachweises am 1. April gilt auch das Rücknahmeangebot der Automobilindustrie

Umweltpolitisch wird durch den Verwertungsnachweis die Verbindung der FSV mit der Altauto-Verordnung das Optimum unter marktwirtschaftlichen Gesichtspunkten erreicht. Diese Synthese wird durch einen Kommissionsvorschlag der Europäischen Kommission gefährdet.

Im Herbst 1995 wurde ein internes Papier der Generaldirektion XI (Umwelt) der Europäischen Kommission für einen Vorschlag für eine Richtlinie zur Entsorgung von Altfahrzeugen bekannt. Darin entfernte sie sich wesentlich von einer Ausarbeitung, die von der Kommission unter Beteiligung der Automobilindustrie im Jahre 1994 erstellt worden war. Dieser erste Entwurf wurde inzwischen von den Generaldirektionen kontrovers diskutiert. Zwischenzeitlich liegt ein Kommissionsvorschlag für eine „Richtlinie des Rates über Altfahrzeuge" vor. Dieser enthält u. a. die Forderung nach einer uneingeschränkten kostenlosen Rücknahme der Altfahrzeuge durch die Automobilhersteller, faktische Materialverbote und strengere Verwertungs- und Recyclingquoten. Darüber hinaus enthält er Vorschriften wie den Verwertungsnachweis für Altautos oder die Bestimmungen über die umweltgerechte Ausrüstung der Verwerter, die von der Automobilindustrie unterstützt werden. Dieser geplanten Richtlinie sollen neben den Personenkraftwagen auch leichte Nutzfahrzeuge sowie zwei- und dreirädrige Fahrzeuge unterliegen. Raum für abweichende nationale Selbstverpflichtungen wird nicht gelassen.

Der Entwurf der Kommission entfernt sich weit von den tatsächlich drängenden Umweltproblemen der Altautoverwertung in der Europäischen Gemeinschaft. Diese sind durch die Vorschriften über den Verwertungsnachweis und die Anforderungen an die Verwerteranlagen abgedeckt. Insbesondere die Pflicht zur generellen kostenlosen Rücknahme von Altautos stößt bei der Automobilindustrie auf strikte Ablehnung. Eine solche kostenlose Rücknahme würde die Gesamtheit der Autofahrer stärker belasten. Die im Kommissionsentwurf geplante Einbeziehung des Fahrzeugbestandes in die kostenlose Rücknahme verstieße gegen Grundrechte.

Es ist unmöglich, die Entsorgungs- und Verwertungskosten auf 10-15 Jahre im voraus zu schätzen, da Arbeits- und Deponiekosten ebenso wie die Erlöse für den Metallschrott und Ausbauteile erheblichen Schwankungen unterliegen. Um solche Risiken auszuschließen, müßten hohe Rückstellungen bei den Automobilherstellern gebildet werden. Mit der Pflicht zur generellen kostenlosen Rücknahme würden die Automobilhersteller gezwungen, die Verwertung ihrer Fahrzeuge in Eigenregie zu übernehmen. Dieses würde die Wettbewerbssituation der Verwertungsbranche deutlich verändern.

Auf Betreiben der deutschen Automobilhersteller wurde unter Federführung des europäischen Automobilverbandes (ACEA) eine Arbeitsgruppe aus Vertretern der betroffenen europäischen Branchen gebildet. Aufgabe dieser Arbeitsgruppe ist es, ein Fortbestehen der beinahe in jedem Mitgliedsstaat sich herausbildenden Systeme für die Altautoverwertung zu ermöglichen und in Mitgliedsstaaten, in denen bisher keine bestehen, Gruppen zur Schaffung solcher Systeme zu bilden. Aus Umweltgesichtspunkten ist lediglich ein gemeinsamer Standard zur Demontage und Verwertung sowie zur Beseitigung von Abfällen erforderlich. Eine Rahmenrichtlinie, die die vorhandenen nationalen Konzepte bestehen läßt, ist anzustreben.

Anlage

Innerhalb des VDA wurden die Kreise PRAVDA (Projektarbeitsgruppe Altautoverwertung der deutschen Automobilindustrie), IATR (Initiativkreis Autoteilere-
cycling) und TRH (Teilerecycling im Handel) gegründet. Gemeinsam wurden die
erforderlichen Arbeiten durchgeführt:

- Die Automobilhersteller und die mittleren und größeren Zulieferer haben
  Recyclingabteilungen geschaffen.

- Grundlagenforschungen zum Recycling werden ebenso wie Literaturrecher-
  chen durchgeführt.

- In allen Gesprächen zur Verbesserung der Recyclingfreundlichkeit werden
  Lieferanten und Materialhersteller eingebunden.

- Beim Aufbau von Materialkreisläufen und bei der Schließung von Kreis-
  läufen, auch für andere Industrien, wird Hilfestellung geleistet.

- Die Rückstände aus der Produktion werden sortenrein einer Wiederaufarbeitung zugeführt und können ohne Probleme in die Produktion eingespeist
  werden.

- Auch die Konstruktion der Fahrzeuge und Teile wurde geändert:

  1. Es bestehen hausinterne Vorschriften zum recyclinggerechten Konstruie-
     ren, so auch zur Verbesserung der Entleerbarkeit.

  2. Die Werkstoffauswahl erfolgt mit Rücksicht auf künftiges Recycling, und
     es bestehen Werkstoffauswahllisten zum Einsatz recyclingfähiger Werk-
     stoffe. Der Einsatz von Verbundmaterialien in der Zulieferindustrie geht
     zugunsten von Monomaterialien zurück.

  3. Durch Produktgestaltung können Abfälle vermieden werden, so bieten Öl-
     filterfirmen bereits Modulbauweisen an. Lediglich die Filterpapiere wer-
     den dann noch ausgebaut und entsorgt.

- PRAVDA und die Arbeitskreise der Zulieferindustrie IATR und TRH im
  VDA untersuchen in gemeinsamen Arbeitsgruppen die Recyclingfähigkeit
  von Bauteilen.

- Altfahrzeugrücknahmestellen werden eingerichtet. Die PRAVDA-Mitglieder
  haben teilweise über 250 einzelne Recyclingbetriebe als Rücknahmestellen
  anerkannt.

- Erste Anforderungskriterien für Altautodemontageanlagen wurden innerhalb
  der PRAVDA entwickelt.

- Altteile aus den Altfahrzeugen werden schon seit Jahrzehnten aufgearbeitet.
  Austauschmotore, -getriebe und -kupplungen sind jedem Autofahrer bekannt.
  Nicht nur die Automobilhersteller, sondern auch die Zulieferer arbeiten ge-

brauchte Aggregate auf. So wurden z.B. alleine von einer Firma rund 1,2 Mio. Stück Kupplungen je Jahr, und dies schon seit mehr als 20 Jahren, aufgearbeitet.

– Reparaturteile werden von der Händlerorganisation zurückgenommen und wieder aufgearbeitet.

– Neue Recyclingverfahren wie z.B. auch das metallurgische Recycling werden entwickelt.

– Alternativen zur Aufarbeitung von Betriebsstoffen werden entwickelt. Als Beispiel kann die Aufarbeitung der Kühlflüssigkeit mittels Destillation zur Weiterverarbeitung des beinhalteten Frostschutzmittels dienen.

Ein besonders wichtiges Feld bei der Wiederaufarbeitung sind die Kunststoffe. Innerhalb des VDA werden verschiedene Wege beschritten:

1. Eine Reduzierung der Sortenvielfalt von Kunststoffen wird angestrebt.

2. PRAVDA finanziert und führt Forschungsvorhaben zur Wiedergewinung von Kunststoffen durch. Der PRAVDA-I und PRAVDA-II Lauf sind Fachleute bekannt. Bei den PRAVDA-Läufen wurde die Möglichkeit des sortenreinen Sammelns von Kunststoffteilen aus Altfahrzeugen getestet.

3. Alle Kunststoffteile über 100 g werden entsprechend der VDA-Empfehlung gekennzeichnet.

4. Automatische Sortieranlagen auf Grundlage von Infrarot- und Elektrostatikbasis zur Plastikkennung werden entwickelt.

5. Auf internationaler Ebene werden Demontageanweisungen für Verwerter erarbeitet und nach VDA-Norm farbig markierte Demontagehandbücher erstellt.

6. Die Shredderrückstände aus der Altautoverwertung können thermisch genutzt werden; dies wird ebenfalls untersucht.

7. Gebrauchte Stoßfänger aus Polypropylen können schon heute so bearbeitet werden, daß ein Qualitätsverlust des Recyclingmaterials kaum noch stattfindet. Kunststoffrückstände, die mit PVC gemischt sind, können wiederverwertet werden, da durch neue Verfahren das Chlor entzogen wird.

8. Forschungsvorhaben zum verstärkten Einsatz von Kunststoffen aus Altfahrzeugen laufen.

Die Automobilindustrie setzt rezyklierte Metalle seit eh und je und rezyklierte Kunststoffe in größerer Menge seit einigen Jahren ein. PRAVDA, IART und TRH entwickeln auch Möglichkeiten der Kreislaufführung von anderen Recyclingmaterialien aus dem Auto. Leitlinien zu den Bereichen Glas, Kunststoff, Textilien und Elektronik sind fertiggestellt, das Papier über Reifen befindet sich in der Schlußbearbeitung.

Weitergehende Zusagen der Automobilhersteller und -importeure

1. Rücknahme zu marktüblichen Konditionen
2. Verbesserung der Verwertungseigenschaften ihrer Erzeugnisse
3. kostenlose Rücknahme:
   - Pkw, die für den Markt der EU bestimmt sind
   - Das Altauto ist oder war zuletzt zumindest 6 Monate in Deutschland zugelassen. Das Altauto war auf den Anlieferer zuletzt zugelassen
   - Der Mindestzeitraum (ab Datum der Erstzulassung) für die kostenlose Rücknahme darf 12 Jahre nicht unterschreiten
     - PKW (M1)
     - vollständig und rollfähig
     - frei von Abfällen
     - keine wesentliche Beschädigung
     - Art und Zustand von Teilen und Zubehör entsprechen den einschlägigen öffentlich-rechtlichen Bestimmungen
   - Aufbau einer flächendeckenden Infrastruktur zur Rücknahme und Verwertung von
     - PKW
     - Altteilen aus Pkw-Reparaturen
   - Umweltverträgliche Entnahme von Betriebsstoffen und ordnungsgemäße Beseitigung der nichtverwertbaren Abfälle
   - Schonung der natürlichen Ressourcen
   - Einrichtung der ARGE Altauto beim VDA
   - zweijährlicher Bericht an das BMU und das BMWi über die Umsetzung

Vorschlag für eine Richtlinie des Rates über Altfahrzeuge

Geltungsbereich „Fahrzeuge"
   - faktisches Materialverbot von Blei, Quecksilber, Cadmium und Chrom VI ab 1.1.2003
   - kostenlose Rücknahme von Altfahrzeugen
   - Verwertungsquoten 1.1.2005
     - mindestens 85% insgesamt
     - Recycling mindestens 80%
   - Verwertungsquoten 1.1.2015
     - mindestens 95 Gew.-%
     - Recycling mindestens 85 Gew.-%
   - Typgenehmigung
   - Kennzeichnungsnormen aller Werkstoffe
   - Demontagehandbücher

Der Sachverständige nach der Altauto-Verordnung

Peter Bleutge

1 Problemaufriß

Die „Verordnung über die Entsorgung von Altautos" vom 4.7.1997 (BGBl. I
S. 1666) bestimmt u.a., daß sich Betreiber von Annahmestellen, Verwertungsbetrieben und Anlagen zur weiteren Verwertung von Altautos einer jährlichen Be-
triebsprüfung unterziehen müssen. Die Prüfung erstreckt sich darauf, daß die Betriebe die Anforderungen an eine umweltverträgliche Behandlung, eine ordnungsgemäße Verwertung und eine gemeinwohlverträgliche Beseitigung von Altautos
erfüllen. Darüber wird von einem Sachverständigen eine Bescheinigung ausgestellt. Ohne eine solche Bescheinigung darf ein Altautoverwerter in keiner der drei
vorgenannten Betriebsformen tätig werden.

Nach § 5 AltautoVO dürfen nur bestimmte Sachverständige eine Bescheinigung
ausstellen. Folgende Sachverständige werden für zuständig erklärt:

- die nach § 36 GewO öffentlich bestellten und vereidigten Sachverständigen,
- die von einer akkreditierten Zertifizierungsstelle in Anlehnung an die
  DIN EN 45.013 zertifizierten Sachverständigen,
- die von einer akkreditierten Organisation durch eine Akkreditierungsstelle in
  Anlehnung an die DIN EN 45.004 und DIN EN 45.012 angestellten Personen.

Der nachfolgende Beitrag beschränkt sich auf die natürlichen Personen, die öffentlich bestellt oder zertifiziert sein müssen, um diese neue Aufgabe zu erfüllen.
Die Angestellten einer akkreditierten Organisation werden nicht behandelt. Es ist
jedoch bedauerlich, daß der Verordnungsgeber diese dritte Möglichkeit als gleichwertig mit der Bestellung und Zertifizierung von einzelnen Sachverständigen in
§ 5 der VO vorgesehen hat. Die Angestellten einer solchen Organisation werden
nämlich nicht in derselben Weise fachlich und persönlich überprüft, wie dies bei
den beiden anderen Sachverständigengruppen der Fall ist. Übrigens fehlt auch bei
der Personenzertifizierung nach DIN EN 45.013 die staatliche Überwachung und
eine gesetzliche Grundlage, weil dieses System ausschließlich privatrechtlich organisiert ist, also auf vertraglicher Basis beruht. Lediglich der öffentlich bestellte
Sachverständige ist in § 36 GewO gesetzlich geregelt und unterliegt der Aufsicht

einer öffentlich-rechtlichen Körperschaft. Mithin sind die einzelnen Sachverständigengruppen, die nach § 5 VO für die Überprüfung der Betriebe zuständig sind,
tatsächlich und rechtlich ungleichgewichtig.

2   Der öffentlich bestellte Sachverständige nach § 36 GewO

2.1   Gesetzliche Grundlagen

Rechtsgrundlage für die öffentliche Bestellung und Vereidigung ist § 36 GewO.
Danach werden Sachverständige öffentlich bestellt und vereidigt, wenn sie auf
einem bestimmten Sachgebiet besondere Sachkunde nachweisen und keine Bedenken gegen ihre Eignung bestehen. Sie müssen einen Eid dahingehend ablegen, daß
sie ihre Prüfaufgaben und Gutachten unabhängig, unparteiisch, persönlich, wei-
sungsfrei und gewissenhaft erledigen. Der Pflichtenkatalog wird in § 36 Abs. 3
GewO vorgegeben und soll durch eine Satzung der jeweils zuständigen Bestellungsbehörde konkretisiert werden.

2.2   Rechtliche Einordnung

Die öffentliche Bestellung ist keine Berufszulassung. Sachverständigentätigkeit
kann auch ohne öffentliche Bestellung erbracht werden. Vielmehr wird einem
Sachverständigen durch die öffentliche Bestellung eine besondere Qualifikation
attestiert, die ihn aus dem Kreis seiner Berufskollegen heraushebt und ihm besondere Privilegien einräumt. Beispielsweise wird in allen Prozeßordnungen bestimmt, daß bei der Beauftragung von Sachverständigen in erster Linie öffentlich
bestellte Sachverständige herangezogen werden sollen. In einigen gesetzlichen
Bestimmungen wird verlangt, daß die Gutachten oder Prüfungen nur von öffentlich
bestellten Sachverständigen erbracht bzw. durchgeführt werden können; beispielhaft sei auf das Mietrecht und die Sportboote-VermietungsVO verwiesen. Schließlich werden die öffentlich bestellten Sachverständigen in einigen Prüfbereichen
den staatlich anerkannten Sachverständigen gleichgesetzt; beispielhaft sei auf die
AufzugsVO, die SchankanlagenVO und das Bundesimmissionsschutzgesetz verwiesen.

Zu erwähnen bleibt in diesem Zusammenhang, daß die öffentliche Bestellung
nicht dazu führt, daß der Sachverständige automatisch Freiberufler wird. Die
Mehrheit der öffentlich bestellten Sachverständigen ist Gewerbetreibender und
bleibt dies auch nach der öffentlichen Bestellung. Freiberufler bleiben natürlich
auch hinsichtlich ihrer Gutachtentätigkeit Freiberufler. Durch die öffentliche Bestellung werden die betreffenden Sachverständigen nicht Pflichtmitglieder einer
Industrie- und Handelskammer.

Schließlich ist auch nicht erforderlich, daß der öffentlich bestellte Sachverständige selbständig ist und seine Gutachten im eigenen Namen und auf eigene Rechnung erstattet. Die Neufassung des § 36 GewO erlaubt es, auch Sachverständige im Angestelltenverhältnis öffentlich zu bestellen und zu beeiden.

2.3   Sinn und Zweck der gesetzlichen Regelung

Mit der Schaffung des Typs des öffentlich bestellten Sachverständigen verfolgt der Gesetzgeber das Ziel, der Öffentlichkeit, also den Gerichten, Behörden und privaten Nachfragern, einen Sachverständigen zu präsentieren, dessen Sachkunde und persönliche Integrität außer Frage steht, so daß die Eigenschaften nicht mehr vom Auftraggeber geprüft werden müssen. Mit der ständigen Überwachung durch öffentlich-rechtliche Körperschaften will der Gesetzgeber erreichen, daß während der Bestellungszeit die Bestellungsvoraussetzungen und die Einhaltung der Pflichten gewährleistet sind. Als letztes Mittel wird dazu die Möglichkeit des Widerrufs der öffentlichen Bestellung angeboten.

2.4   Die Bestellungsvoraussetzungen

Die Bestellungsvoraussetzungen werden in § 36 GewO vorgegeben. Nur dann kann ein Sachverständiger öffentlich bestellt werden, wenn er besondere Sachkunde auf einem bestimmten Sachgebiet nachweist und wenn keine Bedenken gegen seine Eignung bestehen.

2.4.1 Besondere Sachkunde

Unter dem Begriff der „besonderen Sachkunde" versteht die Rechtsprechung das Vorliegen überdurchschnittlicher Fachkenntnisse, praktischer Erfahrungen und der Fähigkeit, Betriebe zu begutachten. Der entsprechende Nachweis muß vom Bewerber erbracht werden. In einigen Fällen konkretisiert die Bestellungsbehörde die erforderlichen Anforderungsprofile und Fachkenntnisse in Form von Verwaltungsrichtlinien.

Im Fall der AltautoVO hat das Bundesumweltministerium in Zusammenarbeit mit dem Deutschen Industrie- und Handelstag (DIHT), der Trägergemeinschaft für Akkreditierung (TGA) und der Gesellschaft für Akkreditierung und Zertifizierung (GAZ) sowie aufgrund einer Anhörung der interessierten Verbände und Organisationen am 22.09.1997 in Bonn fachliche Bestellungsvoraussetzungen formuliert. Auf die Empfehlungen des BMU wird insoweit Bezug genommen. Sie sind von den Bestellungskörperschaften als Verwaltungsrichtlinien übernommen worden. Im einzelnen werden folgende Voraussetzungen an die Bestellung der Sachverständigen für Altautoverwertung gestellt:

Berufliche Anforderungen

- Erfolgreicher Abschluß eines Studiums auf den Gebieten der Natur- oder Ingenieurwissenschaften oder der Technik an einer Hochschule oder Fachhochschule oder

- erfolgreich abgeschlossene technische Fachschulausbildung oder Qualifikation eines Kfz-Meisters und

- eine mindestens 2jährige eigenverantwortliche Tätigkeit in Altautoverwertungs- oder Metallaufbereitungsanlagen bzw. in Anlagen, die hinsichtlich der technischen und organisatorischen Abläufe vergleichbare Tätigkeiten durchführen, oder in einer Stelle (oder Körperschaft), die derartige Entsorgungsanlagen begutachtet und überwacht, oder der Nachweis über eine ähnliche bzw. gleichwertige eigenverantwortliche Tätigkeit.

Fachkenntnisse

Darüber hinaus müssen besondere Kenntnisse in folgenden Fach- und Rechtsbereichen nachgewiesen werden:

- Kenntnis der Altauto-Verordnung und der darin in Bezug genommenen Vorschriften,
- Kenntnisse im Bereich der Kfz-Technik und der in Automobilen verarbeiteten Werkstoffe und Betriebsmittel,
- Kenntnisse der Methodik und Durchführung von Begutachtungen in Unternehmen,
- Kenntnisse über folgende Rechtsgebiete und einschlägige Regelwerke:

  - Kreislaufwirtschafts- und Abfallgesetz und die dazugehörigen untergesetzlichen Regelwerke,
  - TA Abfall,
  - Altöl-Verordnung,
  - Wasserhaushaltsgesetz und einschlägige sonstige wasserrechtliche Regelungen,
  - einschlägige landesrechtliche Regelungen,
  - Verordnung über brennbare Flüssigkeiten,
  - Bundesimmissionsschutzgesetz sowie die relevanten Durchführungsverordnungen,
  - einschlägige Technische Regeln für brennbare Flüssigkeiten TRBF (speziell definierte Flüssigkeiten),
  - Kenntnisse über typische Gefahrstoffe TRGS (speziell definierte Gefahrstoffe),
  - einschlägige Regelungen zum Explosionsschutz,
  - einschlägige Regelungen zum Sprengstoffrecht.

2.4.2 Überprüfung der erforderlichen fachlichen Kenntnisse

Das Vorliegen der Bestellungsvoraussetzungen wird in einer schriftlichen und mündlichen Prüfung von einem bundesweit tätigen Fachgremium, das beim DIHT angesiedelt ist, abgeprüft. Mitglieder des Fachgremiums sind u.a. Sachverständige, Fachleute aus der Autoindustrie sowie sonstige Fachleute, die über spezielle Kenntnisse im Bereich der Altautoentsorgung verfügen. Bewerber, die bereits nach dem Öko-Audit-Gesetz als Umweltgutachter für bestimmte Fachbereiche zugelassen sind, sind von dieser Sachkundeprüfung befreit. Bei den in Frage kommenden Fachbereichen handelt es sich einmal um das Gebiet „Abt. 37, Rückgewinnung (Rückgewinnung von Schrott und nichtmetallischen Reststoffen)" und zum anderen um das Gebiet „Recycling, Behandlung, Vernichtung und Endlagerung von festen und flüssigen Abfällen".

Die fachliche Überprüfung beinhaltet grundsätzlich eine schriftliche Ausarbeitung zu offenen Fragen (kein multiple-choice) von ca. 1,5 Stunden Dauer. Im Anschluß daran erfolgt ein Fachgespräch von ca. 30-40 Minuten. Hiervon kann, je nach Kenntnisstand des (der) Bewerber(in) abgewichen werden. Inhalte der schriftlichen Ausarbeitung sowie des Fachgesprächs sind die geforderten fachlichen Kenntnisse (s. S. 28). Nach Beendigung der Überprüfung gibt das Fachgremium ein Votum ab, ob die besondere Sachkunde nachgewiesen wurde. Die Entscheidung über die Bestellung trifft die zuständige Industrie- und Handelskammer. Sollte das Fachgremium nicht die besondere Sachkunde des (der) Bewerber(in) feststellen, so besteht die Möglichkeit zur Wiederholung.

Die zuständige Industrie- und Handelskammer meldet, sofern die beruflichen und persönlichen Voraussetzungen erfüllt sind, den (die) Bewerber(in) für eine Überprüfung vor dem Fachgremium beim DIHT an. Vom DIHT erhält der (die) Bewerber(in) eine Bestätigung der Anmeldung sowie eine Rechnung über die Überprüfungsgebühr. Die Gebühr beträgt zur Zeit DM 2185.- (inkl. Mehrwertsteuer). Zusätzlich wird eine Antragsgebühr durch die zuständige Industrie- und Handelskammer erhoben. Nach Eingang des Prüfungsentgelts erhält der(die Bewerber(in) eine Einladung zum Fachgespräch, in der Ort und Zeit des Fachgesprächs mitgeteilt werden. Zum Fachgespräch ist ein Personalausweis mitzubringen; ggf. benötigte Hilfsmittel werden in der Einladung mitgeteilt.

2.4.3 Persönliche Eignung

Ein Sachverständiger darf nach § 36 GewO nur dann öffentlich bestellt werden, wenn er die Gewähr für Unparteilichkeit, Unabhängigkeit, Weisungsfreiheit und gewissenhaftes Handeln bei der Prüfung von Betrieben und der Erstattung von Gutachten bietet.

In diesem Rahmen prüft die Bestellungsbehörde insbesondere,

- ob der Bewerber in geordneten Vermögensverhältnissen lebt,
- ob er keine Vorstrafen hat, die eine öffentliche Bestellung verbieten,
- ob die eingeholten Referenzen positive Beurteilungen enthalten,
- ob er keine Vertrags- oder Arbeitsverhältnisse eingegangen ist, die mit der Stellung als öffentlich bestellter Sachverständiger nicht zu vereinbaren sind.

Im übrigen gibt es folgende Altersgrenzen: Vor dem 30. Lebensjahr kann keine Person öffentlich bestellt werden. Mit Erreichen des 68. Lebensjahrs erlischt die Bestellung; es gibt jedoch die Möglichkeit einer einmaligen Verlängerung. Nach Erreichen des 62. Lebensjahres ist eine erstmalige Bestellung ausgeschlossen. Einige Bestellungsbehörden haben befristete Bestellungen in ihrem Satzungsrecht festgelegt, so daß ein Sachverständiger alle 5 Jahre erneut geprüft wird, bevor seinem Verlängerungsantrag stattgegeben wird.

2.4.4 Die zuständigen Bestellungsbehörden

Die Bestellungsbehörden werden vom Landesgesetzgeber im Wege einer Zuständigkeitsverordnung bestimmt. Mit Ausnahme von Bremen sind in allen Bundesländern die Industrie- und Handelskammern zuständig. In Bremen ist der Wirtschaftssenator zuständig. In einigen Bundesländern sind zusätzlich auch die Architekten- und Ingenieurkammern zuständig.

Die Aufgabenstellung dieser Bestellungsbehörden geht dahin, die Sachgebiete auszuwählen und zu definieren, die Anforderungsprofile der Sachverständigen festzulegen, die Bewerber auf das Vorliegen der erforderlichen Sachkunde und persönlichen Eignung zu überprüfen, die Sachverständigen während der Bestellungszeit zu betreuen und zu überwachen und die Bestellung zu widerrufen, wenn die Sachverständigen nachhaltig gegen ihre Pflichten verstoßen. Schließlich haben die Bestellungsbehörden die Aufgabe, die Rechte und Pflichten der öffentlich bestellten und vereidigten Sachverständigen in einer besonderen Sachverständigenordnung, die rechtlich als Satzung einzuordnen ist, zu normieren.

2.5   Die Pflichten des öffentlich bestellten Sachverständigen

2.5.1 Unparteiische Aufgabenerfüllung

Der Sachverständige hat seine Leistungen so zu erbringen, daß er sich weder in Gerichtsverfahren noch bei Privatauftrag dem Einwand der Befangenheit aussetzt. Er hat bei der Vorbereitung des Gutachtens strikte Neutralität zu wahren und muß die gestellten Fragen objektiv und unvoreingenommen beantworten. Er darf auch bei Privatauftrag kein Gefälligkeitsgutachten erstatten. Vor allen Dingen dürfen die Sachverständigen keine Gutachten erstatten oder Überprüfungen in den Bereichen vornehmen, in welchen sie selbst oder ihre Arbeitgeber unmittelbar oder mittelbar persönlich oder geschäftlich betroffen sind. Ein Sachverständiger für Altautoverwertung dürfte also beispielsweise keine Betriebe überprüfen, bei denen er selbst angestellt ist oder mit denen seine Firma zusammenarbeitet.

2.5.2 Gewissenhafte Gutachtenerstattung

Jeder Auftrag ist mit der Sorgfalt eines ordentlichen Sachverständigen zu erledigen. Der Sachverständige muß in seinen Gutachten stets den aktuellen Stand von Wissenschaft, Technik und Erfahrung berücksichtigen. Gutachten sind systematisch aufzubauen, übersichtlich zu gliedern, nachvollziehbar zu begründen und auf das Wesentliche zu beschränken. Entsprechendes gilt selbstredend auch bei der Prüftätigkeit des öffentlich bestellten Sachverständigen.

2.5.3 Unabhängigkeit und Weisungsfreiheit

Der Sachverständige darf bei der Durchführung des Gutachten- oder Prüfauftrags und des Ergebnisses keinen Einflüssen von dritter Seite unterliegen, die geeignet sind, seine Feststellungen, Bewertungen oder Schlußfolgerungen unsachgemäß zu beeinflussen. Insbesondere darf er keine Weisungen seines Auftraggebers oder Arbeitgebers entgegennehmen, die seine eigene Verantwortlichkeit negativ beeinflussen und zu einem nicht vertretbaren Gutachtenergebnis führen.

2.5.4 Persönliche Gutachtenerstattung

Der Sachverständige hat die von ihm angeforderten Leistungen unter Anwendung der ihm zuerkannten Sachkunde in eigener Person zu erbringen. Hilfskräfte darf er nur zur Vorbereitung des Gutachtens und nur insoweit beschäftigen, als er ihre Mitarbeit ordnungsgemäß überwachen kann. Der Umfang der Tätigkeit einer Hilfskraft ist im Gutachten oder Prüfbericht kenntlich zu machen. Der für Altautoverwertung bestellte Sachverständige muß also die Betriebe in eigener Person besichtigen und die Prüfungsbescheinigung selbst unterschreiben.

2.5.5 Kundmachung der öffentlichen Bestellung

Der Sachverständige muß bei seiner gutachterlichen Tätigkeit sowie seiner Prüftätigkeit stets auf seine öffentliche Bestellung, das Sachgebiet und die Bestellungsbehörde hinweisen. Aufträge darf er nur in seiner Eigenschaft als öffentlich bestellter Sachverständiger erledigen. Die Gutachten und Prüfberichte dürfen nur mit dem von der Bestellungsbehörde verliehenen Rundstempel unterzeichnet werden.

2.5.6 Schweigepflicht

Der Sachverständige unterliegt einer mit Strafe bewehrten Schweigepflicht. Unbefugt darf er weder den Gutachtenauftrag noch den Gutachteninhalt Dritten gegenüber offenbaren. Gleiches gilt für die Kenntnisse, die er anläßlich der Durchführung des Gutachtenauftrags erhalten hat.

2.5.7 Gutachtenpflicht

Der öffentlich bestellte Sachverständige ist verpflichtet, die an ihn gerichteten Gutachten- und Prüfaufträge zu übernehmen und in angemessener Zeit zu erledigen. In Gerichtsverfahren ergibt sich diese Pflicht unmittelbar aus dem Gesetz, bei Privatauftrag leitet sich diese Pflicht aus dem Sinn und Zweck der öffentlichen Bestellung ab.

2.5.8 Fortbildungspflicht

Der Sachverständige hat sich auf dem Sachgebiet, für das er öffentlich bestellt ist, in erforderlichem Umfang fortzubilden und den notwendigen Erfahrungsaustausch zu pflegen.

2.5.9 Haftung

Der Sachverständige hat für die Richtigkeit seines Gutachtens und Prüfberichts die Verantwortung zu übernehmen. Seine Haftung darf er nur für die Fälle leichter Fahrlässigkeit ausschließen oder der Höhe nach begrenzen.

2.5.10 Aufbewahrungs-, Aufzeichnungs- und Auskunftspflichten

Der Sachverständige muß über jeden Gutachten- oder Prüfauftrag Aufzeichnungen machen, ein Gutachtenexemplar bzw. Prüfbescheinigung aufbewahren und über seine Tätigkeit der Bestellungsbehörde jederzeit Auskunft geben und Einsichtnahme in seine Gutachten bzw. Prüfunterlagen gewähren.

2.6   Die Rechte des öffentlich bestellten Sachverständigen

2.6.1 Anspruch auf öffentliche Bestellung

Eine Bedürfnisprüfung ist nicht zulässig. Erfüllt der Sachverständige die Voraussetzungen der öffentlichen Bestellung, muß er bestellt werden.

2.6.2 Bezeichnungsschutz

Die Bezeichnung „öffentlich bestellter und vereidigter Sachverständiger" ist durch das Strafgesetzbuch und die Sachverständigenordnung geschützt. Wer nicht bestellt ist, darf die Bezeichnung oder ähnliche Bezeichnungen nicht verwenden.

2.6.3 Bundesweite Betätigung

Der öffentlich bestellte Sachverständige kann bundesweit Gutachten erstatten und ist bei der Ausübung seiner Tätigkeit nicht auf den Bezirk seiner Bestellungsbehörde beschränkt.

2.6.4 Art der beruflichen Betätigung

Der Sachverständige bestimmt selbst, ob er als Selbständiger, Angestellter oder in einer Sozietät seine Dienstleistungen anbietet.

2.6.5 Wahl der Rechtsform

Der Sachverständige entscheidet allein darüber, in welcher Rechtsform er seine Sozietät führt. Er kann beispielsweise auch die Rechtsform der GmbH nutzen.

2.6.6 Büroorganisation

Der Sachverständige bestimmt, wie er sein Büro organisiert und mit welchen Angestellten er zusammenarbeitet.

2.6.7 Zweigniederlassung

Der Sachverständige kann unter bestimmten Voraussetzungen Zweigniederlassungen errichten.

2.6.8 Werbung

Es gibt kein Werbeverbot. Die durch das UWG gesetzte Grenzen sind jedoch zu beachten.

2.6.9 Vertragsgestaltung

Der Sachverständige kann den Inhalt des Vertrages frei mit seinem Auftraggeber gestalten; dabei sind jedoch die Pflichten der Sachverständigenordnung einzuhalten.

2.6.10 Durchführung des Auftrags

Der Sachverständige bestimmt nach bestem Wissen und Gewissen, wie er den Auftrag durchzuführen und die Antworten auf die gestellten Fragen zu geben hat. Die Mindestanforderungen an Gutachten und das IHK-Merkblatt zur Bearbeitung von Gerichtsaufträgen sind jedoch zu beachten. In gleicher Weise hat er sich an gesetzliche Vorgaben und autorisierte Checklisten zu halten.

2.6.11 Honorargestaltung

Der Sachverständige kann mit seinem Auftraggeber Umfang und Höhe des Honorars frei vereinbaren. Bei Gerichtsauftrag muß er jedoch das Gesetz über die Entschädigung von Zeugen und Sachverständigen (ZSEG) beachten, bei Privatauftrag die für ihn geltende staatliche Gebührenordnung. Für die Prüftätigkeit im Rahmen der AltautoVO hat der Gesetzgeber keine Gebührenordnung vorgegeben, so daß die jeweiligen Vertragsparteien das Prüfungsentgelt frei aushandeln können. Wird bei Vertragsschluß keine diesbezügliche Vereinbarung getroffen, gilt gemäß § 632 Abs. 2 BGB die übliche Vergütung als vereinbart.

2.6.12 Beendigung der Bestellung

Der Sachverständige kann jederzeit durch Verzicht auf die öffentliche Bestellung das öffentlich-rechtliche Rechtsverhältnis beenden. In diesem Fall kann er ohne weiteres als nicht bestellter Sachverständiger sein Gutachterbüro weiterführen und seine Dienste jedermann anbieten. Gleiches gilt bei Erlöschen der Bestellung wegen Erreichens der Altersgrenze oder wegen Ablaufs der Befristung. Prüftätigkeit nach der AltautoVO kann er jedoch nach Erlöschen der öffentlichen Bestellung nicht mehr durchführen, weil dafür die öffentliche Bestellung Voraussetzung ist.

3   Der zertifizierte Sachverständige

3.1   Gesetzliche Grundlage

Es gibt keine gesetzliche Grundlage. Zur Anwendung gelangt das Normensystem 45.000, das europaweit eingeführt ist. Die Personenzertifizierung richtet sich nach der Norm 45.013. Die Rechtswirksamkeit wird durch Verträge hergestellt. Es gibt auch kein in sich geschlossenes Überwachungssystem. Der Deutsche Akkreditierungsrat überwacht nicht die Akkreditierungsstellen und diese wiederum überwachen nicht die Zertifizierungsstellen.

3.2   Zuständige Stellen

Zuständig sind Zertifizierungsstellen, die durch Akkreditierungsstellen akkreditiert sind. Die Akkreditierungsstellen müssen Mitglied im DAR (Deutscher Akkreditierungsrat) sein. Die Körperschaften des öffentlichen Rechts, die kraft Gesetzes für die öffentliche Bestellung von Sachverständigen zuständig sind, haben beim Institut für Sachverständigenwesen eine Zertifizierungs-GmbH, die IfS-Zert GmbH, eingerichtet, die auch im Bereich der AltautoVO die Personenzertifizierung durchführt. Sie ist von der Trägergemeinschaft für Akkreditierung (TGA), die Mitglied des DAR ist, akkreditiert worden.

3.3   Zertifizierungsvoraussetzungen

Wie bei der öffentlichen Bestellung werden auch hier besondere Sachkunde und persönliche Integrität gefordert. Die Einzelheiten sind in einem Qualitätssicherungshandbuch niedergelegt und entsprechen weitgehend den Anforderungen an öffentlich bestellte Sachverständige. In diesem Handbuch werden auch die Rechte und Pflichten des zertifizierten Sachverständigen geregelt, die ebenfalls weitgehend den Rechten und Pflichten eines öffentlich bestellten Sachverständigen entsprechen.

3.4   Prüfung

Die Bewerber für eine Zertifizierung werden einer Prüfung unterzogen. Die IfS-Zert GmbH bedient sich dabei desselben Fachgremiums, das die öffentlich bestellten Sachverständigen überprüft. Dieses Fachgremium wird vom Deutschen Industrie- und Handelstag in Bonn betreut. Auf die Ausführungen unter 2.4.1 wird hierzu verwiesen.

3.5   Befristung

Die zertifizierten Sachverständigen müssen alle fünf Jahre einen Antrag auf Rezertifizierung stellen.

4   Öffentliche Bestellung oder privatrechtliche Zertifizierung

Die Bewerber können frei wählen, ob sie öffentlich bestellt werden, privat zertifiziert werden oder beides haben wollen. Die Entscheidung hängt davon ab, mit welcher Anerkennung sie sich die größten Chancen im Wettbewerb ausrechnen und welchen Preis sie zu zahlen bereit sind.

Unterschiede gibt es aber auch in rechtlicher Hinsicht. Die öffentliche Bestellung ist eine gesetzliche Anerkennung im öffentlich-rechtlichen Bereich mit der Folge, daß die Bezeichnung gesetzlich geschützt ist und der Sachverständige in Gerichtsverfahren bevorzugt als Sachverständiger herangezogen wird. Die Zertifizierung erfolgt im nichtregulierten Bereich auf vertraglicher Basis, ohne daß die Bezeichnung „zertifizierter Sachverständiger" gesetzlich geschützt ist und ohne daß eine staatliche Stelle die Akkreditierungs- und Zertifizierungsstellen überprüft.

Weiterführende Literatur

Bayerlein, W. (1996) Praxishandbuch Sachverständigenrecht, C. H. Beck Verlag, München, 2. Aufl.

Bleutge, P. (1997) Öffentliche Bestellung und private Zertifizierung von Sachverständigen im Wettbewerb, Grundstückswert und Grundstücksmarkt, S. 72.

Deutscher Industrie- und Handelstag (1995) Sachverständige, Inhalt und Pflichten ihrer öffentllichen Bestellung, Selbstverlag Bonn, 3. Aufl.

Kopp, A. (1997) Die Altauto-Verordnung und die Freiwillige Selbstverpflichtung der Wirtschaft, Neue Juristische Wochenschrift, S. 3292.

Niebling, J. (1995) Rechtsfragen der Zertifizierung und Akkreditierung, Wirtschaftsrechtliche Beratung, S. 737

Wellmann, C. R. (1997) (unter Mitarbeit von Schneider, Much, Hüttemann und Weidhaas) Der Sachverständige in der Praxis, Werner Verlag, 6. Aufl.

Probleme und Möglichkeiten des Letztbesitzers durch die Altauto-Verordnung

Roswitha Mikulla-Liegert

1 Allgemeines

1.1 Zahlen und Fakten

Pro Jahr werden bei stagnierenden Zulassungszahlen von rund 43 Mio. Kraftfahrzeugen 2,5 Mio. Fahrzeuge verschrottet.

Die durchschnittliche (fabrikatsübergreifende) Lebensdauer von Kraftfahrzeugen ist in den letzten Jahren von 10 auf nun 12,5 Jahre angestiegen, dabei sind laut Aussage einiger Hersteller deren Fahrzeuge bereits auf eine Lebensdauer zwischen 15 und 20 Jahre ausgerichtet.

Auch wenn dem Kraftfahrzeug gerne vorgeworfen wird, einen, noch dazu problematischen „Löwenanteil" am Gesamtmüllaufkommen der Bundesrepublik Deutschland zu stellen, sind es nach Angaben des Statistischen Bundesamtes zwischen 1,5 und 2%.

Kraftfahrzeuge bestehen heute (noch) zu 75% aus Metallen, vor allem Stahl – also „Schrott" im herkömmlichen Wortsinne –, die auch bisher schon verwertet wurden. Die restlichen 25%, aktuell handelt es sich um 500 000 t, werden als Restmüll bezeichnet, der sich aus so unterschiedlichen Stoffen wie Kunststoffe, Gummi, Glas, Tierhaare zusammensetzt. In der Regel werden diese Materialien auf Deponien „endgelagert", nur ein kleiner Teil davon wird thermisch verwertet.

In letzter Zeit nimmt der Anteil der, vor allem ökologisch bedenklichen, Kunststoffe zu. Im Hinblick auf die Gesamtmüllbelastung wird diese zum Teil negative Entwicklung bisher noch dadurch kompensiert, daß Scheiben, Betriebsflüssigkeiten und Reifen mittlerweile getrennt entsorgt werden. Dagegen wurden noch vor wenigen Jahren lediglich die Teile entnommen, die noch gebraucht wurden, also vor allem in anderen Teilen wieder verbaut werden konnten – der Rest wurde mit der Karosserie zusammen geshreddert.

Bewirkt wurde der differenziertere Zerlegungsprozeß vor allem durch das Inkraft-treten des Abfallgesetzes Anfang der 90er Jahre, das drei wesentliche Ziele ver-folgte:

1. Verwertung der vorhandenen Materialien,
2. Reduktion des Deponiebedarfs,
3. Einsatz wiederverwertbarer Stoffe.

Das bis 06.10.1996 geltende Abfallgesetz wurde „ersetzt" durch das Kreislaufwirt-schafts- und Abfallgesetz (KrW-/AbfG), das durch die Umsetzung der gemein-schaftsrechtlichen Vorgaben der Richtlinie 75/442/EWG des Rates über Abfälle vom 15.07.1975 (einschließlich späterer Änderungen) zum Abfallrecht u.a. eine Änderung des Abfallbegriffs beinhaltet.

Einem speziellen Gegenstand des KrW-/AbfG wird sich die zum 01.04.1998 in Kraft tretende Altauto-Verordnung[1] widmen, wobei hier seitens des Gesetzgebers die Entscheidung getroffen wurde, in erster Linie die umweltgerechte Herstellung und Entsorgung von Kraftfahrzeugen den Selbstregulierungsmechanismen der Automobilindustrie zu überlassen (was durch die sog. Freiwillige Selbstverpflich-tung zur umweltgerechten Altautoverwertung (Pkw) im Rahmen des Kreislaufwirt-schaftsgesetzes vom 21. Februar 1996 – in der Fassung vom November 1996 – geschehen ist), und nur die Punkte, die sich einer selbstverpflichtenden Erklärung entziehen, in einer Verordnung zu regeln. Es handelt sich dabei vor allem um An-forderungen sowohl an Betriebe, die künftig die Entgegennahme und weitere Ver-arbeitung von Altautos übernehmen, als auch an den jeweiligen Fahrzeughalter bzw. -besitzer bei Abgabe eines Altautos. Verstöße gegen die Anforderungen der Altauto-Verordnung werden – als Ordnungswidrigkeiten – mit Verhängung von Bußgeldern geahndet.

In der bereits erwähnten Freiwilligen Selbstverpflichtung hat sich die Automo-bilindustrie zum Ziel gesetzt, bis zum Jahre 2002 den heute nicht verwertbaren Anteil des sog. Restmülls von 25% auf 15%, bis zum Jahre 2005 sogar auf 5% zu senken.

1.2   Autorecycling aus Sicht des ADAC

Der ADAC begrüßt diese für den Umweltschutz und damit auch den einzelnen Bürger positive Entwicklung, ob Autofahrer oder nicht. Schon früh wurde erkannt, daß Autofahren und Umweltschutz nicht zwei völlig getrennte und gegensätzliche Bereiche sein müssen, sondern diese vielmehr in Einklang miteinander gebracht

---

[1]   Verordnung über die Entsorgung von Altautos und die Anpassung straßenverkehrs-rechtlicher Vorschriften vom 04. Juli 1997, Bundesgesetzblatt 1997, Teil I Nr. 46, 1666 ff.

werden sollten und es auch können. Daher gehört der Umweltschutz auch zu den satzungsgemäßen Aufgaben des ADAC.

Bereits Anfang der 90er Jahre entschloß sich der ADAC, ein Pilotprojekt durchzuführen unter der Überschrift „Autorecycling". Die Techniker des ADAC stellten sich dabei die Aufgabe, das Recycling von Kraftfahrzeugen näher zu untersuchen und seine Machbarkeit zu beweisen.

Auch wenn das Ziel eines vollständig wiederverwertbaren Autos auch in naher Zukunft eine Wunschvorstellung bleiben wird, ist festzustellen, daß die „ordentliche" Entsorgung im Sinne eines modernen Umweltschutzes nicht nur der Umwelt selbst und damit dem Verbraucherschutz dient, sondern langfristig gesehen auch der Erhaltung der individuellen Mobilität.

Der Ablauf und die Ergebnisse des Pilotprojekts wurden in einem Sonderdruck der Motorwelt vom August 1991 dargestellt („Das Recycling-Auto für das Jahr 2000", Motorwelt 8/91, S. 20 ff).

2 Möglichkeiten des Letzthalters vor Inkrafttreten der Altauto-Verordnung

Eine Darstellung der Probleme und Möglichkeiten des Letztbesitzers oder -halters von Kraftfahrzeugen hängt unmittelbar damit zusammen, welche Möglichkeiten bisher bestanden.

2.1 Abgabemöglichkeiten für ein Altauto

Ganz allgemein ist festzustellen, daß die Abgabe eines Altfahrzeugs bisher an jeden erfolgte, der Interesse zeigte. Es handelte sich dabei nicht nur um reine Verwertungsbetriebe, wobei hier ca. 1000 mittelständische Betriebe vertreten sind, sondern auch um Schrotthändler, Werkstätten (im Rahmen von Absatzmaßnahmen der Hersteller oder zum Erwerb von günstigen gebrauchten Ersatzteilen), sog. Bastler bis hin zu landwirtschaftlichen Betrieben, die sich durch den Wiederaufbau, aber eher das Ausschlachten von Fahrzeugen und den Ausbau und Wiederverkauf noch verwertbarer Teile ein Zubrot verdienen. Selbst Shredderanlagen, bei denen der nicht mehr brauchbare Rest (günstigenfalls) abgegeben wird, ordnen sich in den Reigen der Altfahrzeugaufkäufer ein.

Von den insgesamt geschätzten 5000 Betrieben bzw. gewerblichen Aufkäufern von Altfahrzeugen sind immerhin ca. 3000 nicht ordnungsrechtlich angemeldet.

Zu nennen wäre ebenfalls die Sondergruppe der sog. Restwerthändler, also Aufkäufer von in der Regel jungen, aber schwer beschädigten Unfallfahrzeugen, die
zum Teil mit Angeboten wie „kaufe jedes Auto – zu Höchstpreisen" auftreten.
Zunehmend handelt es sich um Aufkäufer aus benachbarten Ländern der Bundesrepublik, vor allem aus den ehemaligen Ostblockstaaten.

Auf diesem Sondermarkt im wahrsten Sinne des Wortes wird nachfolgend und
gesondert eingegangen, da er vor allem unter der kommenden Altauto-Verordnung
auch für den Letztbesitzer problematisch werden wird.

2.2   Kostenbelastung für den Letztbesitzer

Bis vor nicht allzu langer Zeit, genauer gesagt bis zum Ende der 80er und Anfang
der 90er Jahre, konnten die meisten Fahrzeuge beim Verwerter kostenlos abgegeben werden.

Erst der erhebliche Anstieg der Deponiegebühren von zunächst 20-30 DM pro
Tonne auf 200-300 DM, ja sogar bis 400 DM, führte nun auch zu einer Kostenbelastung des Letzthalters auf bis zu 200 DM, stellenweise sogar bis 300 DM. In
dieser Phase konnte auch erstmals eine regional unterschiedliche Preisentwicklung
festgestellt werden.

Eine Sondersituation herrschte in den Ballungsräumen: So war es bis vor kurzem
z.B. in München möglich, die Papiere bei der nächstgelegenen Polizeidienststelle
abzugeben und das Fahrzeug, falls das noch möglich war, in unmittelbarer Nähe
abzustellen. Die Polizei informierte den Verwerter, der das Fahrzeug abholte –
dies alles völlig kostenfrei für den Autofahrer. Später wurden Verbringungs- und
Abschleppkosten zwischen 50 und 100 DM in Ansatz gebracht.

2.3   Folgen der angestiegenen Kostenbelastung für den Letztbesitzer

Als wesentliche negative Folge der gestiegenen Kostenbelastung für den Letztbesitzer war eine Zunahme der „wild" abgestellten Fahrzeuge, die auf Kosten der
Allgemeinheit entsorgt werden müssen, wenn der Letztbesitzer nicht zu ermitteln
ist. Gerade an diesen illegal abgestellten Fahrzeugen wurde und wird die Umwelt-
diskussion von Autogegnern entzündet.

Häufig kam und kommt dabei auch der ehrliche Letzthalter in Schwierigkeiten,
da es immer wieder vorkommt, daß er sein Fahrzeug zu einem günstigen Betrag
noch verkaufen kann. Bei diesen Verkäufen wird erfahrungsgemäß selten darüber
geredet, welchem Zweck der Ankauf dient. Viele dieser Verkäufer sehen sich nach
einiger Zeit, manchmal sogar erst nach 1 oder 2 Jahren, mit dem Problem kon-
frontiert, daß diese Fahrzeuge ausgeschlachtet im Wald, am Straßenrand usw.

abstellt wurden, sie jedoch für die Beseitigungskosten plus einer Strafe in Anspruch genommen werden, weil nur sie den Behörden als Letztbesitzer bekannt sind. Hier macht es übrigens keinen Unterschied, ob das Fahrzeug vollständig angemeldet oder stillgelegt dem Käufer übergeben wurde. Der Käufer kann sich hier den Umstand zunutze machen, daß er den Behörden nicht bekannt wird.

Hat der Verkäufer es versäumt, sich Namen und Anschrift des Käufers zu notieren, sich die Ausweispapiere zeigen zu lassen und nicht schlüssig nachweisen zu können, daß das Fahrzeug tatsächlich verkauft wurde, wird er nicht selten auf den Kosten sitzenbleiben.

Vielfach ist der Vortrag des Letztbesitzers, das Fahrzeug wäre verkauft worden, auch nur vorgeschoben, um sich der Verantwortung für die ordnungsgemäße Entsorgung zu entziehen.

2.4   Folgerungen

Von Interesse dürfte sein, daß es bisher keinen Abnahmezwang für Verwerter gab, was in der Praxis jedoch nicht zu Problemen für den Letztbesitzer führte, da er sein Fahrzeug jederzeit abgeben konnte, es sei denn, das Fahrzeug war mit Problemmüll gefüllt.

Von der ökologischen Seite bestand bisher wenig Anreiz oder Druck, Restmüll zu vermeiden: Waren es zunächst die geringen Deponiekosten, führte auch deren starker Anstieg, wie bereits dargestellt, zu keinen Änderungen der ökologischen Situation, da diese Kosten einfach auf den Letzthalter abgewälzt wurden, der auf seine Art reagierte, aber letztlich wenige Möglichkeiten hatte, die stärkere Wiederverwertung von Kraftfahrzeugen zu beeinflussen.

Neue Konzepte mit zum Teil mustergültigen Verwertungsanlagen wurden bisher vor allem von großen Unternehmen im Hinblick auf die kommende Altauto-Verordnung bereits in die Tat umgesetzt. Nach den der Autorin vorliegenden Informationen haben diese Betriebe jedoch bisher das Problem, daß sie nicht kostendeckend arbeiten können, da sie nicht die notwendige Anzahl zerlegbarer Fahrzeuge erhalten. Diese nehmen immer noch ihren eigenen Weg über die eingangs erwähnten Aufkäufer.

2.5   Der Sondermarkt für Unfallfahrzeuge

Wie bereits unter 2.1 kurz dargestellt, gehen stark beschädigte Unfallfahrzeuge (man spricht hier von technischen, aber auch wirtschaftlichen Totalschäden) einen eigenen Weg.

Hier hat sich zwischenzeitlich ein eigener Markt entwickelt, auf dem zum Teil horrende, wirtschaftlich nicht mehr nachvollziehbare Preise bezahlt werden. Einen Großteil zu dieser Entwicklung beigetragen haben die Kfz-Versicherer, die, um ihre Kostenbelastung bei hohen Sachschäden zu verringern, zum Teil regelmäßige Kontakte zu speziellen Restwertaufkäufern haben, die bereit sind, die auf dem freien Markt häufig nicht erzielbaren Preise für den sog. Restwert des Fahrzeugs zu zahlen.

Auch die Werkstätten versuchen, hier im Rahmen ihrer wirtschaftlichen Möglichkeiten mitzuhalten, da sie häufig nur auf diesem Wege an die begehrten hochwertigen Ersatzteile (junge Fahrzeuge, geringer Verschleiß etc.) kommen können.

Leider spielen hier auch die sog. Papierhändler eine Rolle, die ein Fahrzeug unabhängig von seinem tatsächlichen Wert nur aufkaufen, um in den Besitz der Fahrzeugpapiere zu kommen, und damit anderen, entwendeten Fahrzeugen eine neue Identität zu verschaffen.

Mittlerweile sind bereits die neuen Medien auf diesen Handelssektor eingestiegen und bieten etwa elektronische „Restwertbörsen" an, entweder über spezielle Software oder sogar das Internet.

3   Die neue Altauto-Verordnung

Spätestens an dieser Stelle muß darauf hingewiesen werden, daß bereits mit Inkrafttreten des Abfall-, spätestens jedoch des KrW-/AbfG viele der bereits erwähnten Aufkäufer und Kfz-Verwerter nicht mehr den gesetzlichen Anforderungen an eine umweltgerechte Entsorgung von Altautos entsprachen, was von den Behörden jedoch teilweise nicht oder nur zögernd geahndet wurde. Trotzdem weist eine nicht unerhebliche Zahl von (rechts-)wissenschaftlichen Fachaufsätzen und auch gerichtlichen Entscheidungen auf den zunehmend eingeschränkten Rahmen von Ver- und Ankauf von Altfahrzeugen, aber auch die Probleme bei der Beantwortung der Frage hin, wann denn ein Fahrzeug als „Abfall" einzuordnen ist und damit unter die Geltung der abfallrechtlichen Vorschriften fällt.

Nach Inkrafttreten der Altauto-Verordnung stellt sich diese Frage jedoch um so dringender, da gerade dem Letzthalter verstärkt Pflichten bei der Abgabe seines Altautos auferlegt werden.

Wie schon zu anfangs erwähnt, wird es ab 01.04.1998 in bezug auf das Altauto eine Art duales System geben: Die sog. Freiwillige Selbstverpflichtung der Automobilindustrie und die Altauto-Verordnung in Verbindung mit dem KrW-/AbfG.

In der Begründung zur Altauto-Verordnung ist ausdrücklich der Hinweis auf die Ergänzung der Konzepte gegeben.

Zunächst ist auf die Altauto-Verordnung einzugehen, da sie die ordnungsrechtlichen und für die Betroffenen einschneidenden Regelungen enthält.

3.1   Anforderungen der Altauto-Verordnung und Auswirkungen

Fakt dürfte sein, daß viele der Stellen, die Altautos bisher entgegennahmen bzw. sogar aufkauften, dies in Zukunft werden nicht mehr tun können. Grund ist die erstmalige Aufteilung in sog. Annahmestellen, Verwertungs- und Shredderbetriebe, wobei deren Tätigkeit strikt voneinander getrennt wird: Wer Annahmestelle ist, darf Fahrzeuge nur entgegennehmen, jedoch keine weiteren Arbeiten an ihnen durchführen. Zum Auseinanderbauen, also im abfallrechtlichen Sprachgebrauch verwerten, ist nur noch der Verwertungsbetrieb befugt usw.

Aus Gründen des Umweltschutzes werden an die einzelnen Betriebe strengere Auflagen gestellt – etwa, was die bauliche und größenmäßige Anforderung an den Platz betrifft wie auch die Lagerungsmöglichkeiten.

Ob die Annahmestelle, der Verwertungs- oder Shredderbetrieb im Einzelfall den gesetzlichen Anforderungen entspricht, muß der betroffene Betrieb sich von einem Sachverständigen bescheinigen lassen, der sich wiederum vorher zur Ausübung dieser Tätigkeit zertifizieren lassen mußte.

Nur der (anerkannte) Verwertungsbetrieb kann, in der Praxis über eine Annahmestelle, den sog. Verwertungsnachweis ausstellen, den der Letzthalter künftig zur endgültigen Stillegung seines Kfz benötigt, was im Gegensatz zur heutigen Situation einen höheren Verwaltungsaufwand mit sich bringen wird.

So sehr der ADAC die stärkere Berücksichtigung der umweltgerechten Entsorgung von Kraftfahrzeugen begrüßt, befürchtet er, wie im übrigen auch der Gesetzgeber[2], einen zumindest mittelfristig stärkeren Anstieg der Entsorgungskosten – auch und gerade zu Lasten der Autofahrer. Erste Schätzungen gehen davon aus, daß auf den Autofahrer Entsorgungskosten zwischen 500 und 800 DM zukommen werden.

Diese Kostenbelastung ergibt sich nicht nur aus dem stärkeren Verwaltungsaufwand, sondern aus den nun notwendigen Investitionsmaßnahmen. Es ist daher

---

[2] s. Begründung zum Entwurf der zustimmungsbedürftigen Verordnung über die Entsorgung von Altautos und die Anpassung straßenverkehrsrechtlicher Vorschriften, Bundestagsdrucksache 13/7780 vom 30.05.1997.

davon auszugehen, daß nur noch finanzkräftige und deshalb wohl größere Betriebe künftig die an sie gestellten Anforderungen erfüllen werden können. Werkstätten, die bisher einen nicht unerheblichen Teil der Alt- und Unfallfahrzeugankäufe zur Ersatzteilgewinnung machten, werden diese Möglichkeiten künftig nicht mehr haben. Sie können lediglich versuchen, Annahmestelle zu werden, die die Aufgabe hat, Altfahrzeuge entgegenzunehmen und zur Abholung durch die Verwertungsbetriebe bereitzustellen. Obwohl sich wohl die Zahl der (anerkannten) Verwertungsbetriebe verringern wird, wird dem Autofahrer über die Annahmestellen andererseits die Möglichkeit geboten, sein Fahrzeug an mehreren Stellen, insbesondere in seiner Nähe, abzugeben.

Andererseits besteht jedoch hier für den Letzthalter die besonders große Gefahr einer zusätzlich finanziellen Belastung, da die Annahmestellen ihre ebenfalls nicht unerheblichen Investitionen wieder einbringen müssen und zudem wenig geneigt sein werden, dem Letzthalter einen „guten Preis" zu machen, da sie selbst kein Interesse mehr an den finanziell wertvollen Restteilen des Fahrzeugs haben (dürfen).

3.2   Das Altauto als Abfall

Nicht nur für die Kfz-Werkstätten stellt sich die Frage, wie sie künftig am Sekundärkreislauf von Kraftfahrzeugen bzw. deren Teilen partizipieren können. Das gleiche gilt für die Bastler und Restwertaufkäufer.

Diese Frage ist auch für den Letzthalter von großer Bedeutung, da der Kreis der Nachfrager stark eingeschränkt wird und ihm gerade durch die Altauto-Verordnung die Verpflichtung auferlegt wird, ein Auto, das als Altauto einzuordnen ist, nur den anerkannten Stellen zu übergeben (§§ 2 Abs. 1, 3 Abs. 1 Altauto-Verordnung). Ein schuldhafter Verstoß gegen diese Verpflichtung wird gemäß § 6 Nr. 1 Altauto-Verordnung in Verbindung mit § 61 Abs. 1 Nr. 5 KrW-/AbfG als Ordnungswidrigkeit geahndet.

Hier stellt sich das (rechtliche) Kernproblem der Altauto-Verordnung: Sie verweist auf die Bestimmung des Abfallbegriffs in § 3 Abs. 1 KrW-/AbfG. Diese Bestimmung hat bereits in den vergangenen Jahren seit ihrem Inkrafttreten zu Unsicherheit und als Folge davon zu zahlreichen gerichtlichen Auseinandersetzungen geführt. Dieser Streit wurde durch die Altauto-Verordnung (leider) nicht gelöst.

Der Abfallbegriff im Sinne von § 3 Abs. 1 KrW-/AbfG, der im Gegensatz bzw. in Ergänzung zum früheren Abfallgesetz nicht nur eine objektive, sondern vor allem auch eine subjektive Komponente kennt, setzt voraus, daß es sich um eine *bewegliche Sache* handelt, diese Sache in eine der *Abfallgruppen des Anhangs I* zum KrW-/AbfG fällt und eine tatsächliche *Entledigung*, ein *Entledigungswille* oder ein *Entledigungszwang* vorliegt. Das Hauptproblem in diesem Zusammenhang liegt in dem Tatbestandsmerkmal der Entledigung, des Entledigungswillens oder des Entledigungszwangs, wobei jeweils Legaldefinitionen in § 3 Abs. 2, Abs. 3 und Abs. 4 KrW-/AbfG genannt werden.

Entledigen nach § 3 Abs. 2 KrW-/AbfG liegt vor, wenn eine Verwertung oder Beseitigung des Fahrzeugs vorliegt, oder der Besitzer die tatsächliche Sachherrschaft über die Sache aufgibt. Hier dürfte in der Zukunft wohl kein Problem liegen.

Die praxisrelevanteste Fallgruppe dürfte die des *Entledigungswillens* sein, der in § 3 Abs. 3 KrW-/AbfG geregelt ist. Insbesondere Nr. 2 ist hierbei von Bedeutung. Danach liegt Abfall vor, wenn die ursprüngliche Zweckbestimmung der Sache entfällt oder aufgegeben wird, ohne daß ein neuer Zweck unmittelbar an deren Stelle tritt. Für die Beurteilung der Zweckbestimmung ist die Auffassung des Erzeugers oder Besitzers unter Berücksichtigung der Verkehrsanschauung zugrunde zu legen.[3] Es kommt also nicht ausschließlich auf den Ausdruck des konkludent erklärten Willens des Abfallbesitzers an, sondern auf die gesamten Umstände, an denen der angebliche Wille des Besitzers zu messen ist.[4]

Über das Element der Verkehrsanschauung lassen sich also auch „gegebenenfalls allzu obskure Produktideen des Abfallbesitzers korrigieren" bzw. seine evtl. „mißbräuchliche Berufung auf angebliche Zwecksetzungen begrenzen".[5]

Die ursprüngliche Zweckbestimmung von Kraftfahrzeugen ist deren Verwendung als Fortbewegungsmittel.[6] Dabei besteht Einigkeit darüber, daß auch beschädigte Kraftfahrzeuge, die nicht mehr fahrfähig sind, ihre ursprüngliche Zweckbestimmung nicht verlieren und damit nicht zu „Abfall" werden, wenn sie wieder repariert und damit ihrer ursprünglichen Zweckbestimmung zugeführt werden.

Dies setzt natürlich voraus, daß ein solches Fahrzeug überhaupt noch repariert werden kann. Das ist zumindest bei technischen Totalschäden zweifelsfrei nicht mehr der Fall.

---

3   Verstey/Wendenburg NVwZ 96, 940; VG Bremen NVwZ 97, 1029 (1030).

4   so bisher bereits BVerwG NVwZ 90, 564; VG Bremen NVwZ 97, 1029 (1031).

5   so VG Bremen a.a.O.

6   VG Bremen a.a.O.; BayObLG NVwZ 97, 1038 ff. (1039).

Bei Durchsicht der gerichtlichen Entscheidungen und der Literatur zum Abfallbegriff wird jedoch fast stereotyp ebenfalls folgende Umschreibung wiederholt: Die Zweckbestimmung als Fortbewegungsmittel soll bei Fahrzeugen auch dann nicht mehr gegeben sein, wenn diese mit wirtschaftlich vernünftigen Aufwand nicht mehr hergestellt werden kann.[7] Hier sind vor allem die wirtschaftlichen Totalschäden betroffen, die vielfach über den Sondermarkt der Restwertaufkäufer gehandelt werden.

Zunächst stellt sich die Frage, wie der „wirtschaftlich nicht mehr vernünftige Aufwand" für eine Wiederherstellung des ursprünglichen Zustands ermittelt werden soll. Legt man das Haftpflichtrecht zugrunde, ist heutzutage eine sog. Regulierung auf Totalschadensbasis wohl bereits dann möglich, wenn die geschätzten Reparaturkosten 70 bzw. 75% des Wiederbeschaffungswerts erreichen. Es gibt einige Haftpflichtversicherer, die Kfz-Sachverständige auffordern, bereits bei einer Schadenshöhe von 50% den Wiederbeschaffungs- und den Restwert im Gutachten anzugeben, also Daten, die für eine Regulierung auf Totalschadensbasis notwendig sind. Auf jeden Fall kann der Fahrzeughalter, auch wenn er noch reparieren möchte, nur noch auf Totalschadensbasis abrechnen, wenn die geschätzten Reparaturkosten 130% des Wiederbeschaffungswerts überschreiten. Hier argumentiert die Rechtsprechung, daß kein wirtschaftlich vernünftig denkender Mensch noch eine Reparatur durchführen lassen würde.[8] Hier spielt keine Rolle mehr, ob nur eine Teilreparatur die Fahrfähigkeit, aber auch die Verkehrs- und Betriebssicherheit – zumindest für kurze Zeit – wiederherstellen würde oder die Reparatur vielleicht im Ausland zu wesentlich günstigeren Konditionen durchgeführt werden könnte.

Dies ist einer der Gründe, weshalb vor allem Restwerthändler aus dem Ausland solche Unfallfahrzeuge aufkaufen: In erster Linie soll versucht werden, die Fahrzeuge wieder aufzubauen. Wenn dies nicht gelingen sollte, dient ein solches Fahrzeug als Ersatzteillager bzw. werden mehrere Fahrzeuge wieder zu einem verbaut.

Man wird ebenfalls nicht übersehen dürfen, daß in vielen Ländern außerhalb West- und Mitteleuropas, insbesondere denen der sog. Dritten Welt, andere Vorgaben zur Verkehrs- und Betriebssicherheit bestehen – wenn überhaupt, was wiederum Einfluß auf den Reparaturaufwand und die damit zusammenhängenden Kosten hat.

---

[7]   BayObLG a.a.O.; VG Bremen a.a.O.; Begründung zum Verordnungsentwurf der Bundesregierung vom 30.05.97, Bundestagsdrucksache 13/7780 zu Art. 1 § 2 (Seite 23).

[8]   st. Rspr.: BGH DAR 92, 22; DAR 92, 25.

Nach Wissen der Autorin bestehen zwischen deutschen Autoverwertern und Ländern der Dritten Welt in diesem Bereich regelmäßige Handelsbeziehungen. Es ist daher an der Realität vorbeigedacht, wenn, wie es das Bundesumweltministerium und auch der Gesetzgeber wohl so sieht, nur der deutsche Markt bzw. die deutschen Verhältnisse für die Bestimmung, ob ein Fahrzeug noch reparaturwürdig bzw. -fähig ist oder nicht, maßgeblich sein sollen.

Nun führt zwar auch der Gesetzgeber aus, daß die Altauto-Verordnung nur für das Gebiet der Bundesrepublik Deutschland maßgeblich sein kann und darf. Das bedeutet u.a., daß Altfahrzeugaufkäufer jeder Couleur außerhalb des Bundesgebiets sich nicht der Einteilung und vor allem den umwelt- und ordnungsrechtlichen Auflagen dieser Verordnung unterwerfen müssen: Sie können sich zwar entsprechend den Anforderungen der Altauto-Verordnung zertifizieren lassen – eine solche Zertifizierung muß hier anerkannt werden –, sie müssen es jedoch nicht. Es darf jedoch nicht übersehen werden, daß der Letztbesitzer, sofern er sich eines Altautos entledigt, entledigen will oder entledigen muß, *verpflichtet* ist, dieses nur einem nach der Altauto-Verordnung anerkannten Betrieb zu überlassen (§ 3 Abs. 1 Altauto-Verordnung). So legt auch § 6 Nr. 1 der Altauto-Verordnung fest, daß ordnungswidrig handelt, wer entgegen § 3 Abs. 1, Abs. 3 oder Abs. 4 Satz 1 ein Altauto oder eine Restkarosse einer anderen als der vorgeschriebenen Stelle überläßt.

Handelt es sich also um ein Altauto nach dem verobjektivierten subjektiven Abfallbegriff, dann kann der Letztbesitzer das Fahrzeug nach dem jetzigen Wortlaut der Verordnung einem ausländischen, nicht zertifizierten Aufkäufer nicht überlassen, will er nicht gegen die Altauto-Verordnung verstoßen. Daß diese Auslegung nicht nur der Phantasie der Verfasserin entsprungen ist, wurde im übrigen anläßlich der Veranstaltung des Umweltinstituts Offenbach am 27./28.11.1997 in Offenbach zur Altauto-Verordnung vom Vertreter des Bundesumweltministeriums bestätigt.

Es wird nun häufig argumentiert, daß dies kein so großes Problem für die betroffenen Parteien sein dürfte, da sie einfach einen Kaufvertrag über den Ankauf eines Gebrauchtfahrzeugs schließen können: Solange ein Fahrzeug noch einen Marktwert habe, könne es schließlich kein Abfall sein. Hier wird jedoch übersehen, daß die Altauto-Verordnung bzw. das zugrundeliegende KrW-/AbfG eben nicht nur auf den subjektiven Zweckbestimmungswillen des „Abfallbesitzers" bzw. hier des Letzthalters abstellt, sondern zur Vermeidung solcher Umgehungstaktiken auch das objektive Regulativ der Verkehrsanschauung.

Es wird daher m. E. unumgänglich sein, bei Bestehen eines internationalen Marktes auch internationale Maßstäbe zugrunde zu legen.

Kommen wir zu einer weiteren Gruppe von Fahrzeugaufkäufern, den Bastlern bzw. Einzelpersonen oder Betrieben, auch viele Werkstätten, die ein Altfahrzeug nur noch als Ersatzteillager verwenden. Daß solche Fahrzeuge unter die Altauto-Verordnung fallen, ergibt sich aus der Definition des Abfallbegriffs und der ursprünglichen Zweckbestimmung. Sicherlich könnte man argumentieren, daß an die ursprüngliche Zweckbestimmung des Kraftfahrzeugs, als Fortbewegungsmittel zu dienen, nach dem Willen des Besitzers ein neuer Zweck getreten ist, nämlich die Ersatzteillagereigenschaft. Nach Ansicht der Gerichte, die sich mit diesem Problemkreis bereits befaßt haben, stellt diese neue keine zulässige Zweckbestimmung im Sinne des KrW-/AbfG dar, weil der neue Verwendungszweck nicht unmittelbar (worunter eine Änderung ohne Behandlung bzw. stoffliche Veränderung des Gegenstands verstanden wird) anstelle des ursprünglichen getreten ist.[9] Diese Begriffsbestimmung ist auch folgerichtig, da sie den Kernbereich des KrW-/AbfG und vor allem auch der Altauto-Verordnung betrifft.

Für das Ausschlachten, also Verwerten eines Kraftfahrzeugs, sollen künftig nur mehr bestimmte Betriebe zuständig sein, die die Gewähr bieten, daß sie diese im Grundsatz umweltgefährdenden Arbeiten nach den Auflagen und Anforderungen der entsprechende Gesetze durchführen.

Schließlich spielt ja auch das dritte Merkmal des Abfallbegriffs, der *Entledigungszwang* eine Rolle. Nach § 3 Abs. 4 KrW-/AbfG liegt ein Zwang zur Entledigung dann vor, wenn die Sache entsprechend ihrer ursprünglichen Zweckbestimmung nicht verwendet wird, aufgrund ihres konkreten Zustandes geeignet ist, gegenwärtig oder künftig das Wohl der Allgemeinheit, insbesondere die Umwelt, zu gefährden und deren Gefährdungspotential nur durch eine ordnungsgemäße und schadlose Verwertung oder gemeinwohlverträgliche Beseitigung nach den Vorschriften des KrW-/AbfG ausgeschlossen werden kann.

Dabei gehen wiederum die Ansichten auseinander: So sieht etwa das Verwaltungsgericht Bremen [10] Kraftfahrzeuge wohl grundsätzlich als Gegenstände an, die geeignet sind, das Wohl der Allgemeinheit zu gefährden. Zwar dürfen nach Ansicht des Gerichts die Gefahr des Auslaufens umweltgefährdender Flüssigkeiten nicht nur eine rein theoretische, fernliegende Möglichkeit darstellen. Es sei jedoch auch nicht erforderlich, daß Flüssigkeit bereits ausgelaufen und damit bereits eine Umweltschädigung eingetreten ist. Zu berücksichtigen bleibe dabei nämlich, daß bei der Beurteilung, ob durch Kraftfahrzeuge etwa wegen der Gefahr des Auslaufens von Flüssigkeiten (wie Öl, Benzin, Brems-, Kühler- oder Batterieflüssigkeit)

---

[9]   BayObLG St 1995, 50; BayObLG NVwZ 97, 1038 (1039); VG Bremen a.a.O.; Verstey/Wendenburg a.a.O.

[10]   VG Bremen a.a.O.

Gewässer oder Boden beeinträchtigt werden können, an den Grad der Gefährdung der Schutzgüter und die Erforderlichkeit der Entsorgung um so geringere Anforderungen zu stellen seien, je größer und folgenschwerer der möglicherweise eintretende Schaden sei. Würden Fahrzeugwracks, die noch umweltgefährdende Flüssigkeiten enthalten, zum Zweck des Ausschlachtens – bzw. bereits teilweise ausgeschlachtet – gelagert oder abgelagert, dann sei die Gefahr des Auslaufens dieser Flüssigkeiten entweder beim Ausschlachten oder auch nach dem Ausschlachten als naheliegend und nicht nur als theoretische Möglichkeit anzusehen. Wegen dieser Gefahr für die Umwelt sei demzufolge eine ordnungsgemäße Entsorgung in dafür zugelassenen Anlagen unabdingbar.

Dagegen ist das Bayerische Oberste Landesgericht in seiner Entscheidung vom 07.01.1997 [11] auf das im Einzelfall bestehende Gefährdungspotential der gelagerten Fahrzeuge abzustellen und z.B. auch die Bodenbeschaffenheit und der konkrete Austritt von Betriebsflüssigkeiten vorab festzustellen.

Während also bereits die bloße Lagerung von Altfahrzeugen, die die Betriebsflüssigkeiten zumindest zum Teil noch enthalten, nach Ansicht eines Teils der Rechtsprechung ohne geeignete Maßnahme nicht mehr möglich sein wird, ist das Aufkaufen von Fahrzeugen zum Zwecke des Ausbaus von wiederverwendbaren Ersatzteilen wohl bereits nach heute geltendem Recht, auf jeden Fall ab 01.04.1998 nicht mehr möglich, wenn die notwendigen umweltrechtlichen Vorgaben nicht eingehalten werden.

3.3   Ein Wort zur „Freiwilligen Selbstverpflichtung"

Vorweg möchte ich feststellen, daß die Grundidee, nämlich die Vermeidung von Müll und umweltgefährdenden Stoffen sowie die Übernahme der Verantwortung für die Produkte auch am Ende von deren Nutzungszeit durch die Hersteller ein guter und begrüßenswerter Ansatz ist.

Leider hätte man aus dieser „Idee" mehr machen können. Die Kritik betrifft vor allem den Teil der Selbstverpflichtung, der sich mit der Rücknahme der Altfahrzeuge befaßt: So soll eine kostenlose Rücknahme von Fahrzeugen zunächst nur dann erfolgen, wenn es sich um Fahrzeuge handelt, die *nach* „Inkrafttreten des Verwertungsnachweises" (gemeint ist also nach Inkrafttreten der Altauto-Verordnung) erstmals in den Verkehr gebracht werden. Es sind daher alle Fahrzeuge, die bereits zugelassen sind und noch bis 31.03.1998 zugelassen werden, von diesem Angebot der kostenlosen Rücknahme nicht erfaßt!

---

[11]   BayObLG NVwZ 97, 1038 ff.

Aber auch für die Fahrzeuge mit einer Erstzulassung ab 01.04.1998 hat sich die Industrie noch entscheidende Ausnahmen vorbehalten: So soll eine kostenlose Rücknahme nur dann erfolgen, wenn der Pkw

1. für den Markt der Europäischen Union hergestellt wurde (in einer früheren Fassung der Selbstverpflichtung war sogar noch von Fahrzeugen die Rede, die ausschließlich für den deutschen Markt gedacht waren),
2. nicht älter als 12 Jahre ist,
3. vollständig und rollfähig ist und
4. keine wesentlichen Beschädigungen aufweist.

Ein solches Fahrzeug dürfte wohl nur selten nach Ansicht des Letzthalters zur Verwertung bzw. Verschrottung anstehen.

Tatsächlich erhebt sich hier der Verdacht, daß diese „Freiwillige Selbstverpflichtung" auch als Absatzinstrument vor allem für Neufahrzeuge dienen soll, insbesondere wenn man die ältere Fassung vom Februar 1996 mit der auf Forderung der Bundesumweltministerin abgeänderten Fassung vom November 1996 vergleicht.

Wenn man bedenkt, daß Kraftfahrzeuge, wie eingangs festgestellt, heute eine durchschnittliche Lebensdauer von 12,5 Jahren haben, auf der IAA 1997 mittlerweile das erste Massenfahrzeug, nämlich der Golf IV, vorgestellt wurde mit einer Durchrostungsgarantie von 12 Jahren, also einem garantieren Langzeitverhalten der Karosserie, ist es schlichtweg nicht nachvollziehbar, weshalb – überspitzt dargestellt – ein Fahrzeug mit einem Alter von 12 Jahren und einem Tag auf einmal nichts mehr wert sein soll.

Von Interesse ist übrigens, wie die Selbstverpflichtung in diesem Punkt formuliert ist und wie die Hersteller sie „verstehen": Nach dem Text der Selbstverpflichtung darf „der Mindestzeitraum" für die kostenlose Rücknahme von Kraftfahrzeugen „(ab Datum der Erstzulassung) ... 12 Jahre nicht unterschreiten". Diese Formulierung kam erst in der geänderten Fassung vom November 1996 in die Erklärung, während in der ursprünglichen Fassung noch klipp und klar gesagt war, daß die Fahrzeuge nicht älter als 12 Jahre sein dürfen. Daß diese ursprüngliche auch weiterhin die tatsächliche Meinung der Automobilindustrie ist, wurde der Verfasserin von Vertretern unterschiedlicher Automobilhersteller mittlerweile bestätigt.

Soll diese Selbstverpflichtung auch die Interessen der Autofahrer als Verbraucher angemessen berücksichtigen, ist zu fordern, daß Altfahrzeuge, unabhängig von Alter und (Beschädigungs-)Zustand nicht nur kostenlos zurückgegeben werden können, sondern daß vielmehr auch ein evtl. bestehender Restwert zugunsten des Letzthalters anzurechnen und auszuzahlen ist.

4   Zusammenfassung und Ausblick

Der ADAC unterstützt die Pläne des Bundesumweltministeriums, Altautos zu recyceln, um dadurch Materialien in höchstmöglichem Maße wiederzuverwerten. Entscheidend ist, daß die Einzelteile der Fahrzeuge nach den verschiedenen Materialgruppen sortiert und damit für eine möglichst unproblematische Weiterverarbeitung vorbereitet wird. Während bei Metallen bereits jetzt eine Wiederverwertung bis zu 100% möglich ist, müssen für andere Stoffe zum Teil noch geeignete Anlagen und Verfahren entwickelt werden.

Fachgerechtes Recycling leistet nicht nur einen Beitrag zum Umweltschutz, sondern kann nach Erfahrung des ADAC dem Letztbesitzer auch finanziell noch etwas einbringen. In jedem Fall müssen Akzeptanz und Bereitschaft, aktiv mitzuhelfen, beim Autofahrer noch gesteigert werden. Hilfreich dabei ist auch der vorgesehene Verwertungsnachweis, der bei endgültiger Stillegung eines Fahrzeugs vorgelegt werden muß. Die noch offenen rechtlichen Fragen zum Abfallbegriff sollten schnellstens geklärt werden. Es kann nicht angehen, deren Lösung nur den Gerichten zu überlassen. Unnötige Prozesse, insbesondere zu Lasten der Autofahrer, wären zu vermeiden, wenn der Gesetzgeber allen Betroffenen rechtzeitig mitteilen könnte, welchen Inhalt seine Regelungen haben sollen, wobei die Entwicklung „im richtigen Leben" Berücksichtigung finden muß, insbesondere was die internationalen Handelsströme und die unterschiedlichen wirtschaftlichen und rechtlichen Entwicklungen in Abnehmerländern für Altfahrzeuge betrifft.

Andererseits ist nicht zu übersehen, daß die Neuorganisation der Rücknahme von Fahrzeugen und die in der Verordnung ausgeführten Mindestanforderungen an Sachverständige, Annahme- und Verwertungsstellen zu einer Kostensteigerung führen wird, was wiederum einen finanziellen Nachteil gerade für den Letztbesitzer bedeuten und schlimmstenfalls wiederum zu einer Zunahme von illegalen Entledigungswegen führen kann.

Unbefriedigend für den ADAC ist die Tatsache, daß in der vorliegenden Verordnung die Pkw des Altbestands nicht erfaßt und die kostenlose Rücknahmeverpflichtung nur für Pkw bis zu einem Alter von 12 Jahren gelten soll. In Zukunft wird deshalb der ADAC beim Autorecycling gleichzeitig die Rolle des Verbraucher- und Umweltschützers übernehmen und z.B. im Rahmen von Tests untersuchen, ob umweltgerecht gearbeitet wird und ob es zu einer vernünftigen Fahrzeugrestvergütung unter Anrechnung der Recyclingkosten kommt.

Nach Möglichkeit sollte der Letztbesitzer das Altfahrzeug zumindest ohne Kostenbelastung abgeben können. Damit wird vermieden, daß Schrottfahrzeuge, wie heute noch gelegentlich in Ballungszentren zu sehen, an Straßenrändern und Plätzen abgestellt werden.

Auch bei einer kostenlosen Rückgabe sollte der Restwert eines Fahrzeugs zugunsten des Letztbesitzers Berücksichtigung finden, da zunehmend Fahrzeuge durch die Zuführung in sog. Sekundärkreisläufe einen Wert besitzen, der auch dem Letztbesitzer zufließen muß.

Diese für den Verbraucher positive Möglichkeit ist in einem aktuellen Richtlinienentwurf des Rates über Altfahrzeuge [12] tatsächlich so vorgesehen. Es bleibt zu hoffen, daß spätestens mit Inkrafttreten der Richtlinie bzw. deren Umsetzung in nationales Recht auch die Verbraucherinteressen angemessene Berücksichtigung finden werden.

---

[12] Vorschlag für eine Richtlinie des Rates über Altfahrzeuge KOM (97) 358 indg; Ratsdok. 11034/97 veröffentlicht als Bundesratsdrucksache 785/97 vom 13.10.1997.

Die deutsche und die europäische Altauto-Regelung aus ökologischer Sicht

Christian Schrader

1 Produkt- statt Produktionsregelung

Das Sinnbild von Umweltbelastung ist der rauchende Schornstein. In der Vergangenheit stand die Produktionsanlage im Vordergrund des umweltpolitischen Interesses. Seit einiger Zeit wird zunehmend das Produkt als ökologisches Problem erkannt. Im Produkt können umweltgefährliche Stoffe eingebunden sein; die meisten Ressourcen verlassen die Produktionsanlage im Produkt. Die neuere Diskussion um die Regulierung von Stoffströmen setzt daher vorrangig bei den Produkten an.[1] Die Altauto-Verordnung bestätigt diesen Trend, indem sie am Produkt Auto ansetzt. Nimmt man die Diskussion um Stoffströme ernst, so müßten zur Regulierung des Produkts Auto sämtliche Ressourcenverbräuche und Umweltauswirkungen aus Herstellung, Gebrauch und Entsorgung betrachtet werden.[2]

Umweltbezogene Regelungen für die Herstellung gibt es vor allem im Bundes-Immissionsschutzgesetz, das Inverkehrbringen von Autos regelt es unter anderem in der Straßenverkehrs-Zulassungsordnung, den Gebrauch erfassen Vorschriften etwa des Straßenverkehrs- und Immissionsschutzrechts und des Mineralöl- und Kraftfahrzeugsteuerrechts. Man kann jedoch nicht davon reden, daß die Altauto-Verordnung in ein Gesamtkonzept zum Verkehrsmittel Auto eingebunden wäre. Sie ist vielmehr unter Entsorgungsgesichtspunkten konzipiert. Damit zementiert sie die zergliederte Regelungsweise, indem sie den Inverkehrbringungs- und Gebrauchsregeln nun eine Entsorgungsregelung hinzufügt. Die umweltpolitisch notwendige Gesamtbetrachtung des Problems Auto unterbleibt.

---

[1] Vgl. §§ 115 ff. des Entwurfs der Sachverständigenkommission für ein Umweltgesetzbuch (UGB-KomE), Berlin 1997.

[2] Siehe dazu: Enquete-Kommission „Schutz des Menschen und der Umwelt", Bericht vom 12.7.1994, BT-Drs. 12/8260, S. 117ff, 146 ff.

2   Umweltprobleme der Altautoentsorgung

Bezogen auf die Entsorgung verursachen Fahrzeuge schwerwiegende Umweltprobleme, die seit langem nach Gegenmaßnahmen riefen:

1. **Wildes Abstellen von Altfahrzeugen**
   Zum einen die Beeinträchtigung von Natur und Landschaft durch wildes Abstellen, das in Deutschland bei 100 000 Fahrzeugen pro Jahr[3] und in den Mitgliedsstaaten der EG bei über 600 000 Fahrzeugen pro Jahr[4] praktiziert wird. Die ästhetischen Beeinträchtigungen sind leicht zu beheben, die Naturschäden durch auslaufende Öle, Benzin und andere Betriebsflüssigkeiten dagegen nur langfristig.

2. **Umweltprobleme der geordneten Entsorgung**
   Zweitens treten auch bei der geordneten Fahrzeugentsorgung Probleme auf:
   - Unter Stoffstromgesichtspunkten sind bereits die schieren Altfahrzeugmengen ein Aspekt. Schließlich müssen sie gesammelt, behandelt, verwertet und beseitigt werden mit vielfältigen Transportvorgängen zwischen den einzelnen Stufen. All das verschlingt Ressourcen und belastet die Umwelt mit Schadstoffen.
   - Schaut man sich die Stoffanteile an, so sinkt seit Jahren der Anteil der Metalle, die problemlos als Schrott eingeschmolzen werden können, im Altfahrzeug auf derzeit nun unter 70%. Demgegenüber steigt der als gefährlicher Abfall einzustufende[5] Shredderrest aus Kunststoffen, Gummi, Glas, Betriebsflüssigkeiten und anderem. Er macht in Deutschland jährlich über 450 000-500 000 t aus, eine Steigerung auf 1 Mio. t wird erwartet.[6] In der EG machen jährlich 1,9 Mio. t Shredderabfälle 10% aller erzeugten gefährlichen Abfälle aus.[7] Sie müssen unter entsprechenden Sicherheitsvorkeh-

---

[3]   E. Sackofsky: Anmerkungen zu verschiedenen Konzepten einer Neuregelung der Altautoentsorgung, Zeitschrift für Umweltpolitik und Umweltrecht (ZfU) 1996, 99, 100; Nds. Landtags-Drucksachen 13/469.

[4]   Vgl. Begründungspunkte 9 und 10 des Kommissionsvorschlags für eine Richtlinie des Rates über Altfahrzeuge, KOM(97)358 endg. vom 9.7.1997 = Bundesrats-Drucksache 785/97: 7% von 8 bis 9 Millionen stillgelegten Fahrzeugen.

[5]   Verwaltungsgerichtshof Mannheim, Neue Zeitschrift für Verwaltungsrecht - Rechtsprechungs-Report 1996, 319.

[6]   Vgl. die Antwort der Bundesregierung vom 12.12.1995 auf eine parlamentarische Anfrage, Umwelt (BMU) 1996, 76.

[7]   Vgl. Begründungspunkt 9 der Vorschlags einer EG-Altfahrzeugrichtlinie (Fußn. 4).

rungen behandelt oder deponiert werden, wandern aus Kostengesichtspunkten allerdings oft mit auf Hausmülldeponien.

– Die Verwertungs- und Shredderbetriebe selbst weisen spezifische Umweltprobleme auf. In unseligem Angedenken sind die unbefestigten Schrottplätze früherer Prägung, die vielfach zu Altlasten und zu anderen Gefahren für die Nachbarschaft geführt haben. Teilweise führen sie noch heute dazu.[8] Bis die gesamte Autoverwertungsbranche auf dem Stand der modernen Umwelttechnik ist, wird noch einige Zeit vergehen.

3. Export von Altfahrzeugen

Drittens treten diese Umweltprobleme zunehmend nicht mehr hier und heute auf. In den letzten Jahren fand ein rasanter Export von Altfahrzeugen statt. Teils zur Restnutzung in Ländern ohne deutsche TÜV-Kontrollen, vor allem nach Osteuropa, teils auch in andere EG-Mitgliedsstaaten, weil dort die Entsorgung billiger zu haben ist. Solche Exporte beheben nicht die Entsorgungsprobleme von Altfahrzeugen, sie verlagern sie nur örtlich in die Nachbarstaaten und zeitlich, bis die Restkarosse irgendwo in Weißrußland endgültig zusammengebrochen ist.

Insbesondere wegen des massiven Exports sind die Umweltprobleme durch Altfahrzeuge seit Anfang der 90er Jahre nicht mehr exakt zu beziffern. Es fehlen aktuelle Zahlen zur Quantifizierung der Probleme. Zu den ungenauen Datengrundlagen können die Abmelde- und Dokumentationsregelungen der Altauto-Verordnung in der Tat Abhilfe bringen.

Von den inhaltlichen Problemen erfaßt die Altauto-Verordnung nur das zweite, das Problem der technischen Entsorgung in Entsorgungsanlagen. Allerdings geschieht dies nur teilweise, da die Verordnung nicht alle Altfahrzeuge, sondern nur PKW der EG-Kategorie M 1 erfaßt. Motorräder, LKW, Busse oder die immer zahlreicher werdenden Spezialfahrzeuge bleiben außen vor.

Gegen das erste Umweltproblem, das wilde Abstellen, haben 25 Jahre Abfallrecht und ordnungsrechtliche Verfolgung nichts Entscheidendes gebracht. Die Verordnung bleibt bei diesem Ansatz und verfeinert ihn, indem sie in der Straßenverkehrs-Zulassungsordnung verlangt, bei der Abmeldung einen Verwertungsnachweis vorzulegen. Doch es dürfte sich erstens bald herumsprechen, daß der Verwertungsnachweis nicht die einzige Möglichkeit für eine Abmeldung darstellt. Es ist nach § 27a StVZO ebenso möglich, eine Erklärung über den Verbleib vorzulegen, die aus einem Verkaufsvertrag bestehen kann. Als neuer Verantwortlicher muß darin der Käufer benannt sein. Aber wenn der Vertrag auf Polnisch abgefaßt wurde und der Käufer in Bialystok wohnt, fehlt der Kfz-Zulassungsstelle jede Kontrollmöglichkeit. Sie wird und muß derartige „Kaufverträge" akzeptieren. Daß

---

[8] Vgl. Thüringer Landtags-Drucksache 1/1649.

zweitens die auch möglichen Abmeldungen ohne Verwertungsnachweis oder Verbleibserklärungen an die Ordnungsbehörde weitergereicht werden und eine um 10 DM erhöhte Abmeldegebühr kosten, wird Straftäter wenig schrecken. Im Grunde müßte jeder ökonomisch denkende Autohalter so verfahren, wenn er dadurch die viel höheren Entsorgungskosten von 200-300 DM[9] einsparen kann. Es hilft wahrscheinlich nur, die Hürde zur ordnungsgemäßen Entsorgung zu senken, indem die Kostenverpflichtung des Letzthalters abgeschafft und eine für ihn kostenlose Entsorgung eingeführt wird. Alles andere ist gegen wildes Abstellen wirkungslos.

Das dritte Umweltproblem, der graue Altfahrzeugexport, basiert bei Exporten innerhalb der EG darauf, daß Altfahrzeuge wie andere Abfälle Waren sind und damit dem freien Warenverkehr unterliegen, Art. 30 EG-Vertrag. Das muß kein Hindernis für nationale Regeln sein, schließlich gibt es zugunsten des Umweltschutzes Ausnahmemöglichkeiten nach Art. 36 EG-Vertrag. Doch beim Massenprodukt Auto gäbe es bei nationalen Regelungen europapolitische Schwierigkeiten. Deutschland wollte sie vermeiden und ließ damit die Exportflanke ungeregelt. Bei Exporten außerhalb der EG, insbesondere nach Osteuropa, wäre es rechtlich leichter gewesen, klare Abgrenzungen zu treffen, die jedoch ebenfalls nicht angegangen wurden.

3   Vorsorgende Konstruktionsanforderung oder nachsorgende End-of-pipe-Technik

Will man Umweltprobleme vermeiden, so können zwei Wege beschritten werden: Vorsorgeanforderungen oder nachgeschaltete End-of-pipe-Anforderungen. Nachgeschaltete technische Anforderungen lassen Schadstoffe zunächst einmal in den Stoffkreislauf eindringen und erfordern enorme Ressourcenaufwendungen, um die Schadstoffe wieder auszuschleusen. Insbesondere aus diesen Ressourcenüberlegungen muß das Schwergewicht umweltpolitischer Maßnahmen auf den Vorsorgeanforderungen liegen. Für den Fahrzeugbereich heißt dies, Umweltanforderungen bereits für die Entwicklung und Konstruktion zu stellen. Das ökologische Fahrzeugdesign hat Priorität vor nachgeschalteten Entsorgungstechniken.

Zum ökologischen Fahrzeugdesign gehören Aspekte wie die Langlebigkeit, Haltbarkeit oder die erleichterte Reparierbarkeit, die die Nutzungsdauer verlängern und die aufwendige Materialaufarbeitung hinausschieben. Es versteht sich von selbst, das es nicht im Herstellerinteresse liegt, ein – technisch mögliches – Langzeitauto einzuführen. Doch zumindest müßten Vorschriften vorhanden sein,

---

9   Vgl. Nds. Landtags-Drucksache 13/469.

die eine Entwicklung wie das „Composite Concept Vehicle" von Chrysler unterbinden, dessen Karosse völlig aus verklebten Kunststoffteilen bestehen soll.[10] Eine Reparatur ist bei verklebten Kunststoffkarossen kaum möglich.

Im Vorsorgebereich bieten sich neben ordnungsrechtlichen Mindeststandards vor allem ökonomische Instrumente an. Sie würden die Nutzung problematischer Stoffe wie PVC[11], lackierte Kunststoffe[12], Unterbodenschutzmittel, Schwermetalle oder Asbest verteuern und im Gegensatz zu ordnungsrechtlichen Verboten einen ständigen finanziellen Anreiz zur Schadstoffvermeidung bieten. Umweltabgaben sorgen so über den Marktmechanismus für ein ökologischeres Design. Solche Umweltabgaben werden in anderen EG-Mitgliedsstaaten intensiv genutzt. Was sich Deutschland im Bereich verkehrspolitischer Steuern leistet, man denke an die derzeitige Diskussion zur Anhebung der Mineralölsteuer, um Sozialleistungen zu finanzieren, ist nicht nur steuerpolitisch, sondern vor allem umweltpolitisch kein Drama mehr, sondern längst eine Tragödie.

4   Tandem Selbstverpflichtung–Verordnung

Um nicht in Schwermut zu verfallen, will ich mich der jetzigen Regulierung der Altautoentsorgung in Deutschland zuwenden. Diese Regulierung der Altautoentsorgung ist als Tandem von der Freiwilligen Selbstverpflichtung der Automobilverbände[13] mit der Altauto-Verordnung zu sehen. Die beiden Tandemfahrer haben sich auf der Fahrstrecke der Altautoproblematik die möglichen Anknüpfungspunkte aufgeteilt.

---

[10] Vgl. Der Spiegel 47/1997, S. 240.

[11] Ein 1200 kg schwerer Pkw enthält 10-30 kg PVC, vor allem als Unterbodenschutz, vgl. Enquete-Kommission, BT-Drs. 12/8260, S. 123.

[12] Eine abfallwirtschaftliche Konstruktionsverschlechterung stellen zum Beispiel heutige Stoßstangen dar: Metallstoßstangen wurden in den 80er Jahren abgelöst durch Kunststoffstoßstangen, die als große, aus einem Stoff bestehende Teile recht leicht recycelt werden können. Seit Beginn der 90er Jahre kennen wir das Auto im einheitlichen Ganzkörperlook, weswegen auch die Stoßstange lackiert wird – was ihre Recyclingmöglichkeiten wesentlich verschlechtert.

[13] Freiwillige Selbstverpflichtung zur umweltgerechten Altautoverwertung (PKW) im Rahmen des Kreislaufwirtschaftsgesetzes vom 21.1.1996, erhältlich beim Verband der Automobilindustrie, Westendstr. 61, 60325 Frankfurt am Main.

Der vorsorgende Teil, das ökologische Design, ist allein in der Freiwilligen Selbstverpflichtung der Automobilverbände enthalten. Die Verordnung enthält keine Anforderungen an die Fahrzeugentwicklung.

Den nächsten Schritt nach der Vorsorge, den nachsorgenden Umweltschutz bei Verwertungsbetrieben, übernimmt die Altauto-Verordnung durch die organisatorischen und umwelttechnischen Anforderungen in ihrem Anhang.

Die Verordnung überläßt der Freiwilligen Selbstverpflichtung völlig die dann folgende Phase der Schließung von Stoffströmen. Dies unterscheidet die Altauto- von der Verpackungsentsorgung: Nr. IV des Anhangs der Verpackungs-Verordnung bestimmt für zurückgenommene Verpackungen, daß die Wertstoffmengen einer *stofflichen* Verwertung zuzuführen sind. Diese staatliche Festlegung auf eine im Regelfall umweltfreundlichere Verwertungsart fehlt für Altautos. Die Selbstverpflichtung sieht eine einheitliche Verwertungsquote einschließlich *energetischer* Verwertung vor, die Altauto-Verordnung hat dies unverändert übernommen.

Das Tandem leidet daran, daß die Wirtschaft lenkt und vom Staat das Trampeln verlangt. Die Selbstverpflichtung hat die Richtung und den Inhalt der Altautoentsorgung bestimmt. Zudem fährt es auf rechtlich unsicherem Boden.[14] Der Staat wurde in die Rolle des Vollzugsgehilfen gedrängt. Dies ist, da sich der auf das Allgemeinwohl verpflichtete Staat nicht zugunsten einer Interessengruppe verpflichten darf, ein Verstoß gegen das Demokratieprinzip. Außerdem verfehlt die Altauto-Verordnung damit ihre Rechtsgrundlage: Nach § 24 KrW-/AbfG können Rück*gabe*pflichten der Konsumenten eingeführt werden, wenn gleichzeitig Rücknahme*pflichten der Hersteller und Vertreiber bestehen. In der Altauto-Verordnung ist jedoch nur die Rückgabepflicht der Autobesitzer geregelt, auf die Rücknahmepflicht hat die Bundesregierung verzichtet.

5   Die Freiwillige Selbstverpflichtung

Der Verzicht erfolgte, weil sich dazu die Wirtschaft selbst verpflichtet hatte. Selbstverpflichtungen sind sogenannte „gentlemen agreements". Dem Wort eines Gentleman kann man trauen, einklagen kann man es nicht. Die rechtliche Verbindlichkeit, wie sie die EG-Kommission für Umweltvereinbarungen fordert[15], wollte die deutsche Automobilindustrie vermeiden. Allerdings ist eine Selbstver-

---

14 Vgl. Schrader: Produktverantwortung, Ordnungsrecht und Selbstverpflichtungen, Neue Zeitschrift für Verwaltungsrecht 1997, 943, 948.

15 KOM(96)561 endg. = Bundesrats-Drucksache 20/97.

pflichtung damit als Bezugsgrundlage einer Verordnung denkbar ungeeignet, denn sie kann einseitig aufgehoben[16] oder, wie bereits geschehen[17], verändert werden. Es fragt sich allerdings, ob die Inhalte überhaupt justitiabel gewesen wären, mangels Konkretheit ist dies oft gar nicht so sicher. Überprüfen wir dies an den oben dargelegten umweltpolitischen Zielen:

Umweltziel 1: Wildes Abstellen vermeiden
Eine Kostenerstattung der Autoindustrie an die kommunalen Entsorgungskörperschaften für wild abgestellte Kfz fehlt. Nun könnte man sagen, es liege ein Anreiz, das wilde Abstellen von Autowracks zu vermeiden, in der kostenlosen Rücknahme für Autos bis 12 Jahren Alter.[18] Allerdings beträgt die Lebensdauer der Autos durchschnittlich über 12 Jahre,[19] so daß für viele PKW gerade am Ende ihrer Nutzbarkeit keine kostenlose Rücknahme mehr besteht.

Umweltziel 2: Bremsen der Steigerung des Nichteisenanteils im Altfahrzeug, der Umweltprobleme der Verwertungsbetriebe und der Stoffströme
Die Automobilindustrie nennt als eines ihrer Ziele, die Verwertungseigenschaften ihrer Erzeugnisse kontinuierlich zu verbessern.[20] Zu einer verbesserten Reparierbarkeit hat sich die Automobilindustrie damit nicht verpflichtet. Wie die versprochene Reduzierung der bislang unverwertbaren Shredderabfälle erreicht wird, schreibt die Selbstverpflichtung nicht fest. Die Reduzierung kann ökologisch am vorteilhaftesten durch recyclinggerechte Konstruktion gelöst werden. Zu befürchten ist allerdings, daß zweifelhafte Verwertungsverfahren vorgeschoben werden, um der Verpflichtung formal genüge zu tun. Wie bei den DSD-Kunststoffen wird der Hochofen entdeckt und danach geforscht, die Shredderabfälle als Reduktionsmittel in Hochöfen einzublasen. Hier liege eine „Chance zur vollständigen wirt-

---

[16]   Theoretisch könnten sich die Autohersteller von ihrer Selbstverpflichtung wieder lossagen, die Rücknahmen verweigern, und der Autobesitzer müßte für die Abmeldung einen Verwertungsnachweis erbringen, für den keine von den Herstellern anerkannte Verwertungsbetriebe zur Verfügung stehen.

[17]   Hieß es in der Selbstverpflichtung vom 21.2.1996 noch, daß Altauots kostenlos zurückgenommen werden, wenn sie als Neufahrzeug „für den deutschen Markt bestimmt" sind, so ist dies mittlerweile geändert in „für den Markt der EU bestimmt", vgl. den Beitrag von Wöhrl in diesem Buch.

[18]   Enquete-Kommission, BT-Drs. 12/8260, S. 155. Dazu, daß die Altersgrenze von 12 Jahren in der Selbstverpflichtung völlig verquer formuliert wurde, vgl. den Beitrag von Mikulla-Liegert in diesem Buch sowie Schrader: Dem Minimum verpflichtet, MüllMagazin 4/1996, 64, 66.

[19]   Nach Angaben des ADAC 13,2 Jahre, vgl. SZ vom 12.3.1996.

[20]   Ebenda, Punkt 2.1 und 4.2.

schaftlichen Autoverwertung".[21] Aus Ressourcengesichtspunkten und Gründen der Abfall- und Luftreinhaltung bei Hochöfen ist der Hochofen allerdings weniger als Chance und eher als Krematorium verantwortlicher Umweltpolitik anzusehen. Da der Weg der Quotenerhöhung auch über derart zweifelhafte Verwertungsverfahren gehen kann, bleibt der umweltpolitische Anreiz zu verbesserter Konstruktion minimal.

Die zugesagte Erhöhung der Verwertungsquote entspricht zudem dem technischen Entwicklungsstand. Dies illustriert ein grundsätzliches Problem der Ineffizienz von Verbandsinitiativen: Nicht der technische Fortschritt, sondern das technisch rückständigste Verbandsmitglied bestimmt das Konvoitempo.

Autohersteller, die Modelle bereits jetzt zeitlich unbegrenzt kostenlos zurücknehmen, werden ökonomisch bestraft. Damit wirkt auch die Selbstverpflichtung innovations- und wettbewerbshemmend; ein Effekt, der sonst dem Ordnungsrecht vorgehalten wird. Diffus und nicht überprüfbar ist es, wenn eine eine „umweltverträgliche" Entsorgungstechnik zugesagt wird. Damit werden allenfalls bezogen auf das einzelne Fahrzeug Verbesserungen versprochen. Sie können jedoch wieder aufgezehrt werden durch den Zuwachs an Fahrzeugen; eine Verringerung der absoluten Menge an Shredderabfällen wird nicht erreicht.

Für die Selbstverpflichtung ist kein effektives Monitoring festzustellen. Versprochen wurde, einen „Koordinierungskreis beim Verband der Automobilindustrie" einzurichten. Er ist nicht überparteilich zusammengesetzt, lediglich in einem Beirat sollen auch Vertreter von Behörden und von Verbraucherschutzorganisationen vertreten sein. Es bleibt unklar, wie genau die Gremien zusammengesetzt sein werden, welche Informationsbefugnisse sie erhalten, wie die sonstigen Arbeitsbedingungen von Gremienvertretern sein werden usw. Hier sollten klare und effektive Kontrollmechanismen nachgebessert werden.

Die Zusage kostenloser Rücknahme ist mit zu weitgehenden Voraussetzungen verbunden. Die bedingungslose Rücknahmezusage des Automobilherstellers gilt nur für Autos eigener Marke und von ihm benannte Rücknahmestellen. Damit schafft die Automobilindustrie ein System, mit dem sie eine Marktverengung auf

---

[21] FAZ vom 19.11.1994, S. 16: „Die Schrottwirtschaft will einen Verwertungsnachweis durchsetzen."; vgl. auch Umwelt (BMU) 1996, 76.

die von ihr bestimmten Betriebe vornimmt.[22] Die Entsorgungsstruktur kann indirekt von der Automobilindustrie bestimmt werden. Ein Nebeneffekt: Beim Ausschlachten von Fahrzeugen fließen immerhin 10 Gew.-% in den Gebrauchtteilemarkt.[23] Die entsprechende Menge an Originalersatzteilen geht den Autoherstellern im Reparaturgeschäft verloren. Da die Autohersteller künftig die Rücknahmestellen benennen werden, können sie das Ausschlachten verhindern und im lukrativen Ersatzteilegeschäft zusätzliche Gewinne machen. Die kostenlose Rücknahme gilt nur für Autos, die für den Markt der EU[24] bestimmt oder hier erstzugelassen sind. Damit werden entgegen dem freien Wettbewerb Grauimporte, die sich die Preisdifferenzen in anderen Staaten zunutze machen wollen, erschwert.

Durch die weitere Bedingung, daß ein Fahrzeug nach Herstellerangaben gewartet sein muß, um eine Prüfung der kostenlosen Rücknahme entbehrlich zu machen, erhalten Vertragswerkstätten eine wesentlich höhere Bedeutung. Der Wettbewerb mit freien Autowerkstätten wird insoweit eingeschränkt.

Zusammen mit den Rücknahmeverpflichtungen ergibt sich ein Konjunkturprogramm für die Automobilwirtschaft in Deutschland: Sie erhält Wettbewerbsvorteile, da die kostenlose Rücknahme nicht für Grauimporte und nur bei Wartung nach Herstellerangaben gilt und weil der Ersatzteilemarkt über den Schrottplatz bisheriger Prägung wegfallen könnte.

6   Die Regelungen der Verordnung

Die Verordnung kanalisiert Altautos ordnungsrechtlich zu den von den Autoherstellern und -vertreibern anerkannten Verwertungsbetrieben und Annahmestellen. Im Anhang regelt sie Anforderungen an die Annahme von Altautos, an die Verwertung sowie an die Entsorgung der dabei anfallenden Abfälle. Im einzelnen sind organisatorische Anforderungen, Anforderungen an die Platzgröße, -aufteilung, -ausrüstung und an den Betrieb enthalten. Verwerterbetriebe müssen sich an Vor-

---

[22] Zwar besteht nach Punkt 3.1, letzter Satz der Selbstverpflichtung, ein „freier Zugang zu diesem System für alle Fachbetriebe, sofern die Kriterien für Anerkennung oder Zertifizierung erfüllt werden". Doch davon getrennt („darüber hinaus") besteht nach Punkt 4 der Selbstverpflichtung die Rücknahmezusage nur „über die dazu vom Hersteller genannten Stellen". Damit behält sich die Automobilindustrie eine Verengung auf genehme Verwerter vor.

[23] Enquete-Kommission, BT-Drs. 12/8260, S. 121.

[24] Ursprünglich, vgl. Fußn. 3: „für den deutschen Markt bestimmt".

gaben zur Vorbehandlung, Demontage, Wiederverwendung, Verwertung und Beseitigung halten. Damit wird das Problem der Schrottplätze früherer Prägung abgestellt. Ob sich allerdings halbgewerbliche Autobastler weiterhin halbe Schrottplätze halten werden, ist damit nicht gesagt.

Was auf den Betrieben vor sich geht, kann in eine umweltpolitische Prioritätenfolge gebracht werden, die ausgeht von Verwendung vor Verwertung vor Beseitigung, und zwar:

- Wiederverwendung in der ursprünglichen stofflichen Zusammensetzung und Form mit der ursprünglichen Funktion (z.B. Rückspiegel aus Altfahrzeug als Ersatzteil),
- vor Weiterverwendung in der ursprünglichen stofflichen Zusammensetzung und Form, aber veränderter Funktion (z.B. Autoreifen als Spielplatzbegrenzung),
- vor Verwertung, primär als stoffliche: nach Aufbereitung neue Produkte mit gleicher oder veränderter Funktion (Stahlblech aus Schrott) oder sekundär als energetische durch Nutzung des Energiegehalts.

Nach dem Anhang der Verordnung soll ein größtmöglicher Anteil demontierter Bauteile wieder- und weiterverwendet werden. Betriebsflüssigkeiten sollen verwertet werden. Bis zum Jahr 2002 sollen 15 Gew.-% einer Wieder- bzw. Weiterverwendung oder einer Verwertung zugeführt werden. Zu hoffen ist, daß die privatrechtlich organisierte Überwachung die Einhaltung dieser Anforderungen sicherstellt. Doch was besagen sie wirklich? Zum einen sind die Anforderungen an die prioritäre Wieder- bzw. Weiterverwendung sehr unpräzise („größtmöglichst") und als Verwertung ist zum anderen nicht allein die stoffliche Verwertung, sondern auch die Verbrennung ermöglicht, so daß die Quote insgesamt kein Problem darstellen dürfte.

Um bei Shredderbetrieben die Umweltauswirkungen der Entsorgungsrückstände zu begrenzen, wollte das BMU 1992 mit einer TA Shredderrückstände bestimmte Entsorgungswege vorschreiben, wenn mehr als 10 mg/kg PCB oder 4 Gew.-% Kohlenwasserstoffe enthalten sind.[25] Im Anhang der Altauto-Verordnung finden sich die stoffbezogenen Höchstverschmutzungswerte nicht wieder. Es ist daraus die Anforderung geworden, daß bis zum Jahr 2002 nicht mehr als durchschnittlich 15 Gew.-% als Abfall beseitigt werden sollen. Weil die Verbrennung in Form der Verwertung erlaubt ist und weil keine Schadstoffobergrenzen bestehen, so daß die Deponierung weiterlaufen kann, dürfte dieser Wert leicht erreicht werden können.

---

[25] Vgl. die Antwort der Bundesregierung vom 12.12.1995 auf eine parl. Anfrage, Umwelt (BMU) 1996, 76; Kloepfer/Ochtendung: Wohin mit dem „Shredder-Rest"? Umwelt- und Planungsrecht 1995, 420, 421.

7   Verbraucherschutz und Umweltschutz

Zur Vervollständigung werden noch einige Anmerkungen aus der Sicht des Auto-
kunden angefügt – dies nicht nur, weil der Umweltverband BUND satzungsmäßig
auch die Verbraucherbelange verfolgt. Zwischen Umwelt- und Verbraucherschutz
bestehen enge Zusammenhänge. Insbesondere wenn man, wie mit der Selbstverpflichtung, auf gesellschaftlichen anstelle von rein ordnungsrechtlichem Umweltschutz setzt, muß man als eine Größe in produktbezogenen Regulationsvorgängen
auch die Verbraucher mit einbeziehen. Vergißt man dies, so gibt der Staat seinen
Regelungsanspruch auf und legt ihn ohne Kontrollmechanismen in die Hand einer
gesellschaftlichen Interessengruppe, hier der Automobilindustrie.

Eine Einbindung der Verbraucher, die im Diktat der Automobilverbände gegenüber der Bundesregierung ein gesellschaftliches Korrektiv hätte darstellen können,
fand im Aushandlungs- und Monitoringprozeß der Selbstverpflichtung nicht statt.

Andererseits müssen die Einzelfallentscheidungen des Verbrauchers, welches
Auto er kauft und wie er es zurückgibt, für die Altautoentsorgung als Schwungrad
mitgenutzt werden. Ich sehe sogar zwei solche Schwungräder: Das eine ist ein
Mechanismus, in dem die Verbraucher ihre Kaufentscheidungen auch unter Entsorgungsgesichtspunkten bewußt treffen. Für umweltgerechte Kaufentscheidungen
ist zu denken an Informationen des Herstellers über Entsorgungs-, insbesondere
Verwertungseigenschaften und Schadstoffanteile des Autos und an deren Dokumentation über den Verkaufsweg des Fahrzeugs hinweg, damit auch spätere Ge-
brauchtwagenkäufer sich leicht informieren können.

Vorbild dafür ist der sog. Wärmepaß für Gebäude nach der Wärmeschutzver-
ordnung, der als Wärmebedarfsberechnung für Neubauten vorgeschrieben ist und
künftigen Mietern oder Hauskäufern Informationen über den Heizenergiebedarf
des Gebäudes mitteilt. Geeignet wäre ein Eintrag der entsorgungsseitigen Eigenschaften im Kfz-Schein.

Das andere ist, die Stellung der einzelnen Autobesitzer bei Problemen im Vollzug der Rücknahmezusage auszubauen. Nach der jetzigen Regelung ist jeder Altautobesitzer auf sich allein gestellt. Bei der Auslegung der Selbstverpflichtungs-
bedingungen für die kostenlose Rücknahme ist er auf die Kulanz der Autohersteller angewiesen. Im Gebrauchtwagenhandel sind seit längerem vorgerichtliche,
überparteiliche Schiedsstellen bekannt,[26] nach deren Muster man Beschwerde-
stellen für solche Verbraucher einrichten könnte, die Schwierigkeiten bei der Alt-

---

[26] Vgl. Niedersächsisches Justizministerium: Konfliktschlichtung – außergerichtliche
Streitvermittlung in Niedersachsen, Hannover 1992.

autorücknahme bekommen. Für generelle Richtlinien der kostenlosen Rücknahme hätten pluralistische Gremien sorgen können, die etwa nach dem Muster des Umweltgutachterausschusses im Vollzug des Umweltauditgesetzes eine eigenverantwortliche Steuerung bewirken.

8   Die vorgeschlagene europäische im Vergleich zur deutschen Regelung

Nach so viel Kritik an der deutschen Regelung will ich am Ende hoffend auf Europa blicken. Denn z.B. zum letzten Aspekt ist europäisch etwas zu hoffen, da der europäische Umweltschutz generell verfahrens- und bürgerbetont angelegt ist.

1. Der Vorschlag

Am 9.7.1997 hat die EG-Kommission den Vorschlag einer Altfahrzeugrichtlinie verabschiedet.[27] Um die in den Mitgliedsstaaten auseinanderlaufende Entwicklung zu harmonisieren, hat die Kommission bewußt eine verbindliche Richtlinie vorgeschlagen, da Selbstverpflichtungen der Wirtschaft diesen Zweck nicht erfüllen können. Außerdem wird der Binnenmarkt durch nationale Sonderregelungen gefährdet, weil etwa 70% der 1995 in Deutschland angefallenen Altfahrzeuge über die Grenzen nach Frankreich, die Niederlande und Polen gehen.

Im Anwendungsbereich erfaßt der Entwurf neben PKW auch LKW bis 3,5 t sowie, mit manchen Bestimmungen, zwei- und dreirädrige Motorfahrzeuge.

Zur Vorsorge müssen sich die Mitgliedsstaaten bemühen, daß Fahrzeughersteller in Entwicklung und Produktion bereits die Verwertung bedenken, weniger gefährliche Stoffe und in steigendem Maß Recyclingmaterialien einbauen. Darüber hinaus müssen die Mitgliedsstaaten sicherstellen, daß Blei, Quecksilber, Cadmium und 6wertiges Chrom aus Fahrzeugen, die ab 2003 auf den Markt gelangen, nicht mehr in Shredder, Deponien oder Verbrennungsanlagen gelangen.

Den Kern des Entwurfs bildet, ähnlich dem deutschen Muster, ein Rücknahme- und Verwertungssystem der Autowirtschaft mit technischen Anforderungen an Entsorgungsstellen.

Die Autoverwertung ist in der strikten Prioritätenfolge von Wiederverwendung vor Weiterverwendung vor Verbrennung durchzuführen. Die Mitgliedsstaaten müssen sicherstellen, daß die Autoverwertung insgesamt bestimmte Zielgrößen erreicht.

---

[27]   KOM(97) 358 endg. = Bundesrats-Drucksache 785/97.

Tabelle 1. Verwertungsquoten nach Art. 7 Abs. 2 des Entwurfs der EG-Altfahrzeugrichtlinie

	Verwertung einschließlich Wiederverwendung „reuse" (Gew.-%)	Verwertung einschließlich Weiterverwendung „recycling" (Gew.-%)
bis zum 1.1.2005	85	80
bis zum 1.1.2015	95	85

Die Zielgrößen sind gestaffelt nach Jahren und nach den Verwertungsarten Wiederverwendung („reuse") und Weiterverwendung („recycling"), wobei der Wiederverwendungsanteil höher ist, um einen Anreiz zur Gebrauchtteilnutzung zu entfalten (Tabelle 1).

Die EG-Fahrzeugzulassungsrichtlinie soll so geändert werden, daß ab dem 1.1.2005 nur noch Fahrzeuge auf den Markt kommen, die die Wieder- bzw. Weiterverwendungsquoten erfüllen. Um die Verwertung zu ermöglichen, müssen die Mitgliedsstaaten sicherstellen, daß die Hersteller bis 31.12.1999 europaweit einheitliche Komponenten- und Materialkennzeichnungen benutzen und Zerlegungshandbücher zur Verfügung stellen. Kosten, die die Entsorgungserlöse übersteigen, soll die Autowirtschaft zahlen, jedenfalls nicht der Letzthalter eines Fahrzeugs. Die Kostenregelung soll den Herstellern einen Anreiz zu verwertungsgerechter Fahrzeugentwicklung geben und wildem Abstellen von Autowracks vorbeugen. Hersteller sollen Informationen über die Wiederverwendungs-, Weiterverwendungs- und Verwertungsraten ihrer Fahrzeuge veröffentlichen und für mögliche Fahrzeugkäufer verfügbar halten.

2. Die Bewertung

Der Kommissionsentwurf ist nicht optimal. Nicht auf den Vorsorgeregelungen, den Konstruktionsanforderungen, liegt das Schwergewicht, sondern auf den nachsorgenden Rücknahmeregeln. Im Vorsorgebereich war die Generaldirektion Umwelt z.B. bei der PVC-Einschränkung den Wirtschaftsinteressen eindeutig unterlegen. Die Verwertungsquoten erreichen einzelne Hersteller bereits heute, so daß sie dem technischen Stand Anfang des nächsten Jahrzehnts weit hinterherlaufen werden. Positiv ist die Kostenbefreiung für den Letzthalter sowie die Käuferinformation zu sehen. Zu hoffen ist, daß der Entwurf im Beratungs- und Beschlußverfahren der EG-Institutionen nicht verwässert wird. Würde er so wie vorgeschlagen beschlossen, hätte dies vielfache Auswirkungen auf die Altfahrzeugentsorgung in Deutschland.

3. Auswirkungen auf die deutsche Regelung

Der Richtlinienentwurf geht davon aus, daß die Regelungen über nationale Entsorgungssysteme aufrechterhalten werden können – allerdings nur, soweit sie den europäischen Anforderungen in Inhalt und Form entsprechen. Wenn Defizite vorhanden sind, reichen Selbstverpflichtungen als nationale Umsetzungsform grundsätzlich nicht aus, sondern es müssen verbindliche Regelungen durch Gesetze, Verordnungen oder Verträge geschaffen werden.

Im wesentlichen passen die deutschen Regelungen zum EG-Entwurf, z.B. hinsichtlich Rücknahmesystem, Abmeldung mit Verwertungsnachweis und Verwertungsquoten. Defizite ergeben sich jedoch an mehreren Stellen:

- Der Anwendungsbereich des EG-Entwurfs erfaßt auch LKW bis 3,5 t sowie motorisierte zwei- und dreirädrige Fahrzeuge, während in Deutschland nur PKW erfaßt sind.

- Zur Vorsorge müssen bestimmte Schwermetalle im Entsorgungsgut nach dem EG-Entwurf vermieden werden, nach der deutschen Regelung sind sie weiter zulässig.

- Der EG-Entwurf hat eine klare Prioritätenfolge der Verwertungsarten aufgestellt, die sich in Deutschland so nicht wiederfindet, auch wenn der Verordnungsanhang der technischen Anforderungen dazu Ansätze enthält.

- Der EG-Entwurf stellt Verwertungsquoten auf, die Selbstverpflichtung enthält Beseitigungsquoten. Die EG differenziert die Quoten, um Weiterverwendung zu priorisieren, die Selbstverpflichtung enthält eine einheitliche Quote.

- Die EG will eine Kostentragung des Letzthalters strikt vermeiden. Nach der Selbstverpflichtung ist eine Kostenbefreiung des Letzthalters nur unter Beachtung vieler Voraussetzungen vorgesehen.

- Eine Käuferinformation durch die Hersteller fehlt in der deutschen Selbstverpflichtung.

Damit ist abzusehen, daß die deutsche Regelung in wesentlichen Punkten verändert und nachgebessert werden muß. Da das deutsche Modell erst im Aufbau ist, sollte überlegt werden, es nicht heute defizitär einzuführen und absehbar morgen zu ändern, sondern die umweltpolitisch dringend erforderlichen Komponenten des EG-Entwurfs bereits jetzt in den Aufbau des deutschen Modells einzufügen.

Anforderungen der AltautoVO im Vergleich zu den Anforderungen des Entsorgungsfachbetriebes

Ralf Utermöhlen

1 Zertifikate und Bescheinigungen für Entsorgungsbetriebe als Neuerungen im Abfallrecht

Mit dem § 52 definierte das am 7. Oktober 1996 in Kraft getretene Kreislaufwirtschaftsgesetz eine neue Qualifikation in der Entsorgungsbranche. Es werden Anforderungen formuliert, bei deren Erfüllung ein Betrieb als sogenannter zertifizierter *Entsorgungsfachbetrieb (EfB)* nach § 52 KrW-/AbfG bestimmte Privilegien genießt. EfB ist ein Betrieb der:

- gewerbsmäßig oder
- im Rahmen wirtschaftlicher Unternehmen oder
- öffentlicher Einrichtungen

Abfälle einsammelt, befördert, lagert, behandelt, verwertet oder beseitigt und bestimmte Anforderungen gemäß der eigens zu diesem Zweck formulierten Verordnung über Entsorgungsfachbetriebe (EfbV) erfüllt. Ein Entsorgungsfachbetrieb genießt gegenüber nichtzertifizierten Wettbewerbern rechtlich festgeschriebene Privilegien:

- Er bedarf bundesweit keiner zusätzlichen Transportgenehmigung.
- Die Genehmigung für Vermittlungsgeschäfte ist nicht erforderlich.
- Eine Vorabkontrolle beim Entsorgungsnachweisverfahren durch Behördenbestätigung ist nicht erforderlich (privilegiertes Verfahren, nicht möglich in Ländern mit Andienungspflicht).

Mit der Verordnung über die Entsorgung von Altautos (AltautoVO) vom 4. Juli 1997 wird eine neue (zertifikatsähnliche) Bescheinigung für Entsorgungsbetriebe eingeführt, die nach dem Inkrafttreten der AltautoVO am 1. April 1998 rechtswirksam wird.

Ab diesem Datum darf nämlich derjenige, der sich eines Altautos entledigen will oder muß, das Altauto nur noch einem anerkannten Verwertungsbetrieb oder einer anerkannten Annahmestelle überlassen. Dieser Verwerterbetrieb wiederum muß die Überlassung durch einen Verwertungsnachweis bescheinigen.

Um diese Verwertungsnachweise ausstellen zu dürfen, muß der sogenannte anerkannte Verwertungsbetrieb belegen, daß er Altautos nach Maßgabe der jeweils geltenden Anforderungen des Anhangs der AltautoVO umweltverträglich behandelt, ordnungsgemäß und schadlos verwertet und gemeinwohlverträglich beseitigt (§ 4, Abs. 1 der AltautoVO).

Die Einhaltung dieser Anforderungen wiederum ist durch einen Sachverständigen nach § 36 Gewerbeordnung zu bescheinigen oder durch ein Zertifikat nach EntsorgungsfachbetriebeVO zu belegen.

Faktisch ergibt sich damit für alle Betriebe, die weiterhin Altautos verwerten wollen die Verpflichtung sich prüfen zu lassen, und zwar entweder

a)   durch einen Sachverständigen nach § 36 Gewerbeordnung auf die Anforderungen des Anhangs der AltautoVO oder

b)   durch Sachverständige bzw. TÜOs im Sinne des § 15 der EfbV auf die Anforderungen des Entsorgungsfachbetriebes; bei dieser Prüfung müssen dann durch die Sachverständigen aber die Anforderungen des Anhangs der AltautoVO berücksichtigt werden. Letzteres ergibt sich direkt aus § 7 Absatz 1 Satz 1 und Satz 2 der EfbV.

Die tatsächlichen Anforderungen der beiden Varianten werden im folgenden vorgestellt.

2   Die Anforderungen an einen Entsorgungsfachbetrieb und den anerkannten Altautoverwertungsbetrieb

An den Entsorgungsfachbetrieb (EfB) und den anerkannten Altautoverwertungsbetrieb (AVB) werden Anforderungen gestellt, die sowohl die Organisation als auch das Personal betreffen.

Ähnlich wie bei Qualitätsmanagementsystemen nach ISO 9000 ff oder Umweltmanagementsystemen nach EG-Öko-Audit-Verordnung bedeutet dies die Dokumentation von Verfahren und Abläufen, die Einführung schriftlicher Verfahrens- und Arbeitsanweisungen und die Festlegung der Befugnisse einzelner Mitarbeiter. Diese Aspekte sind allen Managementsystemen zu eigen.

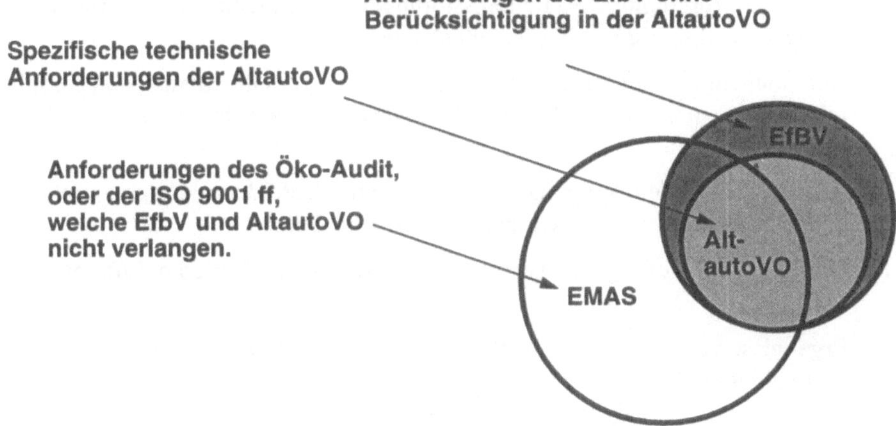

Abb. 1. Bezüge zwischen verschiedenen Umweltmanagementsystemen

Aus den Gesichtspunkten der Logik stellen die Anforderungen der EfbV und der Altauto-Verordnung Mengen dar, die sich mit den Anforderungen anderer Managementsysteme teilweise, aber nicht vollständig überschneiden. So bezieht sich z.B. die EG-Öko-AuditVO neben den eigentlichen Managementsystemkomponenten auf die Bewertung der Umweltleistung und verlangt einen kontinuierlichen Verbesserungsprozeß in Form eines Umweltprogramms, was der AltautoVO und der EfbV völlig fremd ist. Die EfbV wiederum kennt noch einige Anforderungen, die für den Altautoverwerter nicht relevant sind (Abb. 1).

Eine besondere Bedeutung kommt nach EfbV und AltautoVO dem *Betriebstagebuch* zu, welches als zentrales Dokumentationsinstrument eingeführt werden soll. Für die Inhalte dieses Betriebstagebuchs wird im Anhang der AltautoVO unter 3.2.1.5 explizit auf den § 5, Absatz 1 der EfbV verwiesen, die Führung des Betriebstagebuchs ist also analog zu sehen. Zu jedem einzelnen Entsorgungsvorgang bzw. Autoverwertungsvorgang innerhalb der zertifizierten Tätigkeiten werden die wesentlichen Daten in diesem Betriebstagebuch dokumentiert. Zur Prüfung des Betriebes sind an das Tagebuch folgende Fragen zu stellen:

1   Enthält das Betriebstagebuch alle für den Nachweis eines ordnungsgemäßen Verbleibs der Abfälle bzw. Altautos wesentlichen Daten, insbesondere (§ 5,1)

1.1 Angaben über Art, Menge, Herkunft und Verbleib der vom Efb eingesammelten, beförderten, gelagerten, behandelten, verwerteten oder beseitigten Abfälle bzw. Altautos, einschließlich der Dokumentation der durchgeführten Leistung,
   – Aufstellung von Monatsbilanzen,
   – Lagerbestandserfassungen,
   – Kontrolle der Ein- und Ausgänge;

1.2 besondere Vorkommnisse (Betriebsstörungen) einschließlich der möglichen Ursachen und erfolgter Abhilfemaßnahmen;

1.3 Dokumentation einer fehlenden Übereinstimmung des übernommenen Abfalls mit den Angaben des Abfallerzeugers sowie die Angabe der getroffenen Maßnahmen;

1.4 Angabe der mit dem Vorgang des Einsammelns, Beförderns, Lagerns, Behandelns, Verwertens oder Beseitigens beauftragten Person;

1.5 Umfang der Beauftragung, wenn ein nichtzertifizierter Betrieb beauftragt wird;

1.6 Ergebnisse von anlagen- und stoffbezogenen Kontrolluntersuchungen einschließlich Funktionskontrollen,
   – Deklarationsanalysen,
   – Eigen- und Fremdkontrollen (Dokumentation, einschließlich der Abhilfemaßnahmen).

2   Gibt es Verfahrens und Arbeitsanweisungen, Unterschriftenregelungen, etc. zum Betriebstagebuch?

3   Erfolgt die regelmäßige Überprüfung des Betriebstagebuches durch die für die Leitung und Beaufsichtigung des Betriebes verantwortliche Person? (§ 5,2)

Das Betriebstagebuch kann physisch oder auf EDV gepflegt werden, muß aber jederzeit in Klarschrift vorlegbar sein.

Weitreichend sind auch die Anforderungen an die dokumentierte Organisation des EfB oder Altautoverwerters. Abbildung 2 stellt die wesentlichen Anforderungen an die Organisation des EfB dar:

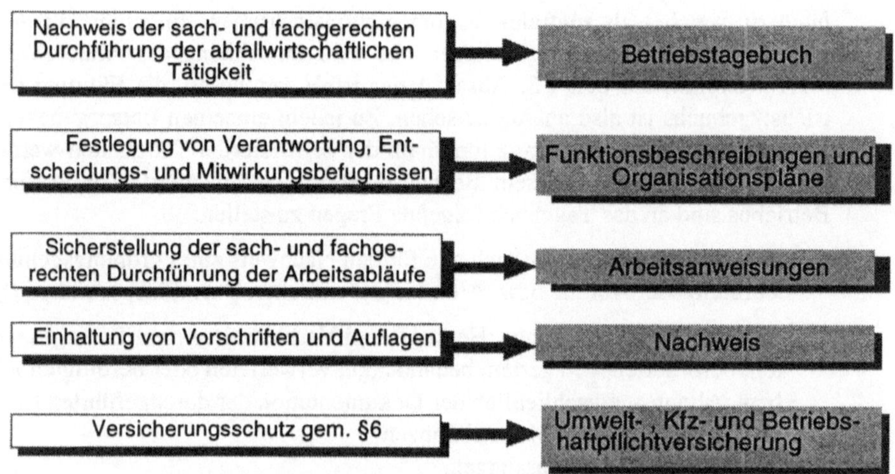

Abb. 2. Organisatorische Anforderungen an den EfB

Analog sind diese Anforderungen bis auf den Versicherungsschutz, der in der AltautoVO keine Erwähnung findet, auch an den Altautoverwerter anzuwenden, wobei die AltautoVO die Forderungen konkretisiert, da unter 3.2.1.5 die Einführung eines Betriebs*hand*buches gefordert wird, welches sich vom Betriebstagebuch inhaltlich deutlich unterscheidet. Es handelt sich bei dem Handbuch nicht um ein *Dokumentations*instrument über die einzelnen Vorgänge, sondern um ein *Organisations*instrument zur Führung des Betriebes. Zu den Inhalten ist auf die Ziffer 5.4 der TA Abfall von 1991 verwiesen. Demnach sind folgende Inhalte gefordert:

1   Eine Betriebsordnung, die die maßgeblichen Vorschriften für die betriebliche Sicherheit und Ordnung enthält

2   Maßnahmen für
2.1 Normalbetrieb
2.2 Instandhaltung
2.3 Betriebsstörungen
2.4 ordnungsgemäße Entsorgung der Abfälle
2.5 Betriebssicherheit

3   Aufgaben und Verantwortungsbereiche des Personals

4   Arbeitsanweisungen

5   Kontroll- und Wartungspläne

6   Informations-, Dokumentations- und Aufbewahrungspflichten

Weitere Anforderungen betreffen im wesentlichen den personellen Bereich. Während die Altauto-Verordnung diesen Bereich mit einer eher allgemeinen Bemerkung, nämlich daß der Betrieb technisch, organisatorisch und personell in der Lage sein muß, diejenigen Kraftfahrzeugteile zerstörungsfrei auszubauen, die als ganze Bauteile oder Baugruppen weiterverwendet werden sollen und sich ansonsten auf die Anweisungen im Betriebshandbuch verläßt (3.2.3.1), konkretisiert die EfbV die personellen Forderungen erheblich: Hier muß der EfB die erforderliche Personalstärke durch einen Einsatzplan belegen. Verantwortliche Personen im Betrieb müssen die erforderliche Zuverlässigkeit belegen können, und die für Leitung und Beaufsichtigung des Betriebes verantwortliche Person muß neben einer beruflichen Qualifikation oder dem Nachweis einer exakt definierten Berufserfahrung an regelmäßig aufzufrischenden Lehrgängen teilnehmen, deren Inhalte speziell auf die Erfordernisse in einem EfB zugeschnitten sind (Abb. 3).

Auch in der täglichen Abwicklung der Entsorgungsleistung wird von zertifizierten EfB eine besondere Sorgfalt erwartet. Hierbei spielt eine besondere Rolle, daß auch Subauftragnehmer des EfB mit dokumentierten Verfahren auf die Einhaltung aller erforderlichen Qualitätskriterien überprüft werden, wenn sie nicht selber als EfB zertifiziert sind. Neue Mitarbeiter müssen mit einem Einarbeitungsplan sachkundig gemacht werden, was speziell für Leihkräfte ein wichtiges Kriterium darstellt.

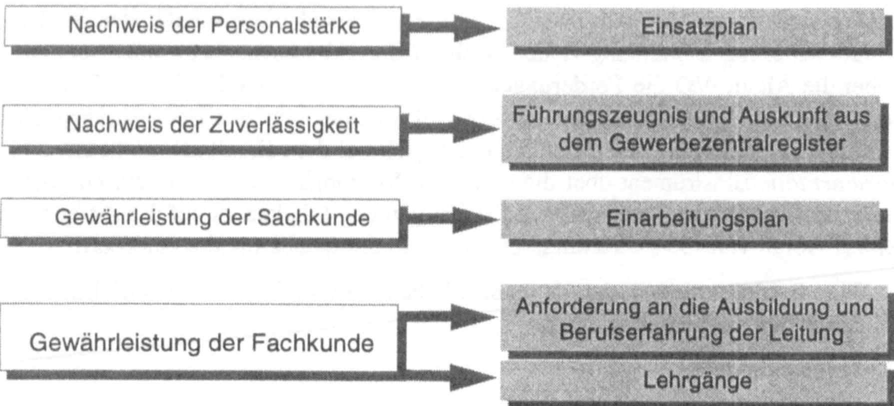

Abb. 3. Personelle Anforderungen an den EfB

Praktisch sind ähnliche Qualifikationsinstrumente wie ein Einarbeitungsplan und ein Einsatzplan auch für den Altautoverwerter sinnvoll, gefordert hingegen werden sie nicht.

Weiter als die EfbV hingegen geht die AltautoVO an anderer Stelle: Bei der Konkretisierung der technischen Anforderungen beschränkt sich die EfbV (da für Betriebe sehr unterschiedlicher Arten gültig) auf einen Querverweis zur Einhaltung der einschlägigen Rechtsvorschriften. Dieser Hinweis ist in 3.2.1.1 der AltautoVO ebenfalls vorhanden, zusätzlich werden aber die technischen Anforderungen an die einzelnen Betriebe dann sehr genau beschrieben (Abb. 4 und 5).

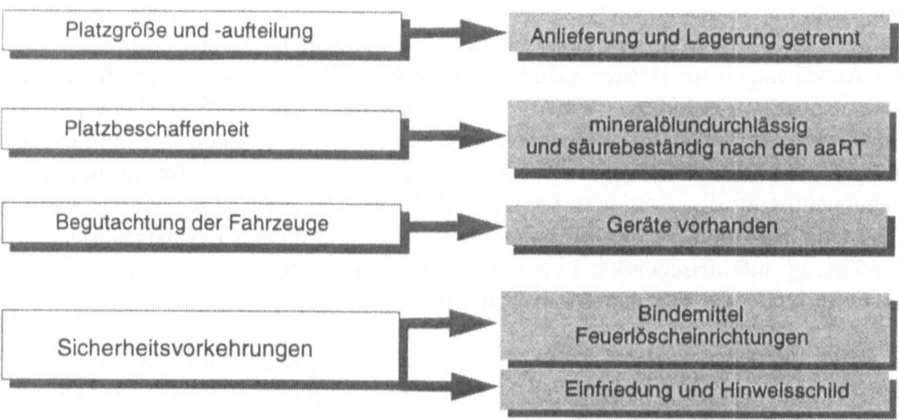

Abb. 4. Anforderungen an Annahmestellen nach AltautoVO

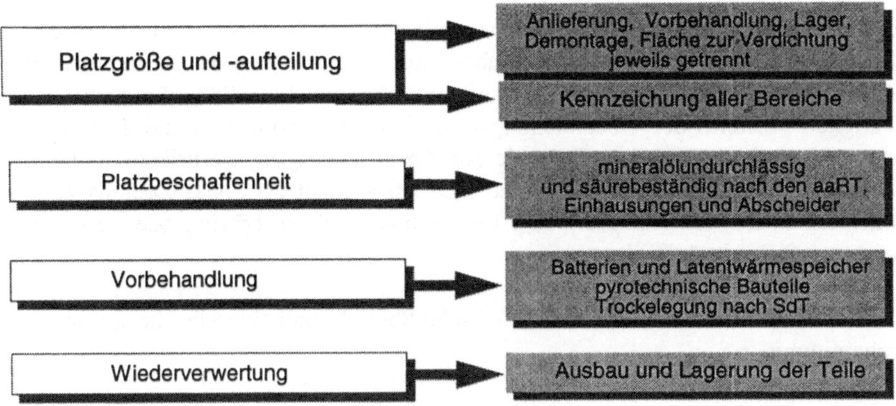

Abb. 5. Anforderungen an Verwerter nach AltautoVO (Auszug)

3   Die Zertifizierung

Um als EfB zertifiziert zu werden, schließt der Betrieb einen sogenannten Überwachungsvertrag mit einer Technischen Überwachungsorganisation (TÜO) oder schließt sich einer Entsorgergemeinschaft an. Die TÜO überprüft den Betrieb regelmäßig auf Einhaltung der organisatorischen und personellen Vorgaben und die Funktionsfähigkeit des eingeführten Managementsystems. Im Falle der Entsorgergemeinschaft bestellt deren Überwachungsausschuß Sachverständige, die die Prüfung durchführen. Wenn sich die Zertifizierung auch auf den Betrieb von Anlagen (Behandlungs-, Verwertungs- oder Beseitigungsanlagen) bezieht, umfaßt die Prüfung durch die Sachverständigen auch die Einhaltung der Genehmigungsauflagen und technische Aspekte zum Betrieb der Anlagen.

Die TÜO bzw. Sachverständigenorganisation muß die erforderliche Zuverlässigkeit, Unabhängigkeit und Fachkunde besitzen. Der Nachweis hierzu gilt als erbracht, wenn die Zulassung als Umweltgutachterorganisation nach § 10 Umweltauditgesetz für den Bereich Recycling, Behandlung, Vernichtung oder Endlagerung von Abfällen im Sinne der Verordnung (EWG) Nr. 1836/93 vorliegt.

Die Prüfung des Altautoverwerters hingegen erfolgt durch Sachverständige, die nach § 36 Gewerbeordnung bestellt sind und sich einer vorherigen Prüfung zu unterziehen haben. Letztere ist für für die Abfallbranche zugelassene Umweltgutachter entbehrlich.

Zur Dokumentation der erbrachten Anforderungen erhält der EfB von seiner Überwachungsorganisation ein schriftliches Anerkennungszertifikat. Es enthält mindestens den Namen und Sitz des Betriebes und seiner zertifizierten Standorte, die Bezeichnung der zertifizierten Tätigkeit und den Namen der TÜO sowie die Gültigkeitsfrist. Das Zertifikat kann aberkannt werden, wenn der Betrieb gestellte Anforderungen 3 Monate nach Ablauf einer Frist nicht erfüllt, die zertifizierte Tätigkeit einstellt, der Überwachungsvertrag beendet wird oder die TÜO durch einen Verwaltungsakt einer Behörde zur Aberkennung des Zertifikates aufgefordert wird. Insofern ist das Zertifikat nach EfbV nicht als festes Zeugnis zu betrachten, es ist vielmehr der Beleg für kontinuierlich zu erbringende Leistungen und zu erfüllende Anforderungen.

Der Altautoverwerter erhält einen Abschlußbericht und eine ein Jahr gültige Bescheinigung.

3.1   Prüfung durch Sachverständige

3.1.1   Dokumentenprüfung

Die Tätigkeit des Sachverständigen beginnt mit einer formalen Prüfung bzw. *Dokumentenprüfung*. Der Betrieb übermittelt die Dokumentation seines Managementsystems, welche durch die TÜO bzw. die Sachverständigen auf die Einhaltung der formellen Kriterien überprüft wird. Es handelt sich hierbei in erster Linie um die auf Papier belegbaren Prüfungsbestandteile wie Betriebshandbücher, Führungszeugnisse, Schulungsnachweise usw.

Der Sachverständige liest sich während der Dokumentenprüfung in die bestehenden Arbeitsabläufe (Verfahrens- und Arbeitsanweisungen) ein, um sich ein Bild von den Tätigkeiten des zu prüfenden Unternehmens zu machen.

Theoretisch und formalrechtlich ist es gleichgültig, ob die Dokumentenprüfung vor, während oder nach dem Besuch vor Ort erfolgt. Während der Prüfung der Dokumentation erfolgt jedoch auch die Erstellung des Auditplans für den Besuch des oder der Sachverständigen vor Ort, insofern ist die Durchführung der Dokumentenprüfung vor dem eigentlichen Audit vor Ort empfehlenswert.

3.1.2   Audit vor Ort

Beim Audit vor Ort erfolgt die Überprüfung der sach- und fachgerechten Durchführung aller abfallrechtlich bzw. zur Altautoverwertung relevanten Vorgänge auf dem Gelände bzw. dem Tätigkeitsgebiet des sich der Prüfung stellenden Unternehmens.

Die sorgfältige Prüfung eines Betriebs erfordert mindestens eine stichprobenartige Plausibilitätskontrolle der Input-Output-Bilanz des zu überwachenden Betriebes.

Hierzu können beispielsweise einzelne Abfallarten durch Vergleich der Nachweisbücher mit den Bilanzdaten oder die Gesamtvolumina bzw. Gesamtmassen berechnet werden. Dies erfordert in jedem Fall eine aufwendige, mehrstündige (bei großen Unternehmen sogar mehrtägige) Arbeit, die in ihrer Methodik und ihrem Anspruch übrigens mit den Aufgaben eines Wirtschaftsprüfers vergleichbar ist. Die EfbV und die AltautoVO verlangen, daß das Betriebstagebuch die Datentransparenz über den Verbleib der Altautos und der entstehenden Abfälle schafft. Die Prüfung hierüber muß ebenfalls sorgfältig durchgeführt werden und gestaltet sich daher aufwendig und beinhaltet Stichproben über den Lebenszyklus einzelner Chargen.

Die Prüfung auf Einhaltung der Rechtsvorschriften verlangt profunde Kenntnisse der Auditoren in den einschlägigen Regelungen des Umweltrechts. Gemäß den Kommentaren zur EfbV (vgl. analog UAG) ist in diesem Rahmen auch eine Prüfung der Vorschriften des jeweiligen Landesrechts und der kommunalen Vorschriften sowie der ministeriellen Runderlässe der Länder erforderlich. Hieraus resultiert, daß die Sachverständigen einerseits für den jeweiligen Standort die lokalen Vorschriften einsehen müssen, des weiteren eine Prüfung derselben vorzunehmen ist. Aus dem Umgang des jeweiligen Standorts mit den Rechtsvorschriften lassen sich sowohl Rückschlüsse auf die Zuverlässigkeit des Betriebes und seiner beteiligten Personen ziehen. Diese Anforderungen lassen sich bei einer oberflächlichen Prüfweise nicht erfüllen.

Zusätzlich gilt es, die Einzelanordnungen bestehender Genehmigungsbescheide auf ihre Einhaltung zu prüfen, was im Einzelfall die Einsichtnahme in einige hundert Seiten Papier am Standort bedeuten kann. Nur erfahrene Umweltbetriebsprüfer finden dabei eventuell bestehende Abweichungen.

In der Praxis stellt für viele Unternehmen die Umsetzung der Nebenbestimmungen und Auflagen der bestehenden Genehmigungsbescheide ebenso wie die Einhaltung der Vorschriften des geltenden Umweltrechts eine wesentliche Hürde dar. Gerade gegen das Wasserhaushaltsgesetz, die VAwS, die FCKW-Halonverbots-Verordnung usw. lassen sich immer wieder kleinere Verstöße feststellen, was jedoch einer eingehenden Prüfung bedarf.

Zur EfbV läßt sich sagen, daß Ziele des Gesetzgebers (Ordnung und Transparenz auf dem Entsorgungsmarkt für die Verbraucher) nur erreicht werden können, wenn vor der Zertifizierung zum EfB eine eingehende und sorgfältige Prüfung durch qualifizierte Sachverständige erfolgt. Insofern ist es aus der Sicht der Praxis erforderlich, daß in die von Sachverständigen angewendete Methodik außer der Aufzählung zum Prüfungs*umfang* die Vereinbarung der Prüf*tiefe* Eingang findet, um einen einheitlichen Prüfungsstandard vor der Zertifizierung zu gewährleisten. Ein in diesem Zusammenhang erstelltes Papier einer LAGA-Arbeitsgruppe erfüllt diese Anforderung nur zum Teil.

Anders als für die Umsetzung der EfbV, zu welcher es zwar das umfängliche LAGA-Papier, jedoch keine einheitliche Checkliste gibt, sollte für die AltautoVO von Beginn an sichergestellt werden, daß die Sachverständigen vor Ort für ihre Tätigkeit einheitliche Vorgaben erhalten.

Eine beim Verband der Automobilindustrie angesiedelte Arbeitsgruppe der ARGE Altauto hat hierzu eine detaillierte Checkliste erarbeitet und Ende September 1997 dem BMU zur Endüberarbeitung und Veröffentlichung vorgelegt.

Daß die Einführung eines Betriebs*hand*buches für die meisten Betriebe des Altautogewerbes neu dürfte sein dürfte, hat die Arbeitsgruppe insofern gewürdigt, als daß dieses Kriterium (neben wenigen anderen) in der Checkliste als sogenanntes B-Kriterium aufgeführt wurde. Bei Nichterfüllung muß die Nachbesserung der festgestellten Abweichungen spätestens in einer Frist von 6 Monaten erfolgt sein. A-Kriterien der Checkliste sind Ausschlußkriterien, deren Erfüllung vor Erteilung der begehrten Bescheinigung zwingend erforderlich ist.

4   Ausblick

Mit der Einführung des verfahrensprivilegierten Entsorgungsfachbetriebes und des anerkannten Altautoverwerters erfolgte seit 1996 erstmals in der Abfall- und Entsorgungswirtschaft eine Abgrenzung von Fachbetrieben zu anderen gewerblich tätigen Unternehmen dieses Wirtschaftszweigs.

Nach der Erfahrung in anderen Wirtschaftszweigen ist zu erwarten, daß der zertifizierte Entsorgungsfachbetrieb neben Abwicklungsvorteilen auch akquisitorische Vorteile aufweist und sich das Zertifikat daher als Qualitätskriterium durchsetzt, welches von potentiellen Auftraggebern hilfsweise als Vergabekriterium herangezogen wird. Großunternehmen nehmen den EfB interessanterweise bereits in die Vergaberichtlinien mit auf. Durch die Regelung der Subvergabe wird sich die Zertifizierung voraussichtlich durch die gesamte Branche ziehen.

Abgrenzend hiervon ist die Abgabe von Altautos bei einem anerkannten Verwerter bzw. Annahmestelle ab April 1998 gesetzliche Pflicht, die Bescheinigung für die Betriebe also lebensnotwendig. Aus den Erfahrungen von mehr als 40 Audits nach EfbV wird seitens des Autors erwartet, daß auch bei den Altautoverwertern eine Vielzahl von Abweichungen vom Verordnungstext vorliegen wird, so daß sich eine frühzeitige und von Fachleuten flankierte innerbetriebliche Umsetzung empfiehlt, um mit Inkrafttreten der Verordnung die Bescheinigung vorlegen zu können.

Das bisherige Verfahren der Lizenzierung und das zukünftige der Zertifizierung gemäß Altauto-Verordnung

Hans-Peter Kremer

1 Einleitung

Mehr als 40 Mio. Pkw fahren bereits heute auf Deutschlands Straßen, Tendenz steigend. Jährlich werden etwa 3 Mio. Pkw für den Straßenverkehr neu zugelassen. Nach durchschnittlich 12-13 Jahren tritt der Wagen seine letzte Fahrt zum „Schrottplatz" an. So wurden im Jahr 1995 allein in der Bundesrepublik Deutschland ca. 3 Mio. Pkw endgültig stillgelegt. Für die Verschrottung von Altfahrzeugen steht derzeit ein Potenial von ca. 5000 Altautoverwertungsunternehmen (ARiV 1992) zur Verfügung. Nach einer in Niedersachsen durchgeführten Feldanalyse erscheinen dort nur ca. 10% der dort ansässigen Betriebe für eine ordnungsgemäße Altautoverwertung gerüstet (Reimann u. Kehler 1991). Bundesweit geht man davon aus, daß maximal 20% der Betriebe, d.h. also nur ca. 1000 Betriebe den gesetzlichen Anforderungen entsprechen. Die Zahlen machen den erheblichen Nachholbedarf in diesem Zweig der Entsorgungsbranche deutlich. Selbst die bereits seit 1977 geltenden Anforderungen des LAGA-Merkblattes über „Errichtung und Betrieb von Anlagen zur Lagerung und Behandlung von Autowracks" werden in vielen Betrieben heute immer noch nicht eingehalten. Eine auf stark unterschiedlich technischem Niveau durchgeführte Vorbehandlung und Altautodemontage hat stark differierende Kostenstrukturen zur Folge und führt somit zwangsläufig zu gravierenden Wettbewerbsverzerrungen zu Lasten einer ordnungsgemäßen und umweltverträglichen Altautoverwertung.

Bei der Mehrzahl der heute bestehenden Altautoverwertungsbetriebe ist die Behandlung der Altautos überwiegend auf die Gewinnung von Ersatzteilen ausgerichtet. Vor allem der niedrige Durchsatz in diesen Anlagen schließt derzeit den Aufbau von wirtschaftlich tragfähigen Stoffkreisläufen, insbesondere Kunststoffe, aus, so daß sich diese in der bei der Metallrückgewinnung anfallenden Shredderleichtfraktion wiederfinden. Bei einem Gesamteinsatz an Shreddervormaterial (Autowracks und sonstiger leichter Sammelschrott) von ca. 2,17 Mio. t ergibt sich eine Menge 540 000 t/a an Shredderleichtfraktion.

Diese besteht hauptsächlich aus Kunststoffen, Gummi und Glas, jedoch kann die Shredderleichtfraktion, abhängig vom Einsatzmaterial, auch signifikante Gehalte an polychlorierten Biphenylen (PCB), Kohlenwasserstoffen (KW) und Schwermetallen aufweisen. Gemäß Anhang C der TA Abfall sind Shredderrückstände grundsätzlich einer thermischen Behandlung zuzuführen (Regelentsorgung). Aufgrund der in der TA Abfall normierten Übergangsregelungen, die bis 1999 gelten, wird derzeit die Shredderleichtfraktion aber noch überwiegend oberirdisch abgelagert. Durch die Neuregelungen des KrW-/AbfG ist zu erwarten, daß die Shredderleichtfraktion zukünftig einer thermischen Behandlung (Beseitigungsverfahren) zugeführt wird.

In diesem Zusammenhang sind die Ergebnisse der Anfang der 90er Jahre durchgeführten Shreddergroßversuche von besonderem Interesse. Demnach läßt sich nur durch eine Kombination von vollständiger Trockenlegung und Rückbau der Altautos das Ausmaß der Verunreinigungen in der Shredderleichtfraktion unterhalb von den in der TA Shredderrückstände/TA Abfall festgelegten Zuordnungswerte erreichen (Bundesministerium für Umwelt, Naturschutz und Reaktorsicherheit 1991). Dieser Sachverhalt verdeutlicht die herausragende Bedeutung der Trockenlegung für eine umweltverträgliche Altautoverwertung.

2   Derzeitige Situation bei der Durchführung von Lizenzierungsverfahren

2.1   Herstellerbezogenes Leistungsprofil für die Lizenzierung von Altautoverwertungsbetrieben

Seit 1993 haben einzelne Automobilhersteller damit begonnen, ein eigenes Verwerternetzwerk zur umweltgerechten Fahrzeugverwertung aufzubauen. Dabei bedient man sich auf dem Markt bereits präsenter Verwertungsbetriebe und forderte von diesen bestimmte Qualitäts- und Umweltstandards. Die Prüfkriterien wurden von Mitgliedsunternehmen des Verbandes der Deutschen Automobilindustrie (VDA) erstellt. Am 8. Februar 1995 haben die Trägerverbände des „Gemeinsamen Konzepts zum Kfz-Recycling" einheitliche Anforderungsprofile für die Anerkennung bzw. Zertifizierung von Altautoannahmestellen und Altautoverwertungsbetrieben vorgelegt. Diese Prüfkriterien bilden heute die Grundlage für die Lizenzierung von Altautoverwertungsbetrieben durch die Automobilhersteller.

Das von den Trägerverbänden des „Gemeinsamen Konzepts zum Kfz-Recycling" vorgelegte Anforderungsprofil für die Überprüfung von Altautoverwertungsbetrieben enthält technische und organisatorische Anforderungen, insbesondere sind dies:

- Vorlage der für die Errichtung und den Betrieb einer Altautowrackanlage erforderlichen Genehmigung,

- Einhaltung von Auflagen und Nebenbestimmungen aus Genehmigungsbescheiden, z.B. zur Abfallentsorgung, zu Immissions-, Arbeits-, Brand- und Gewässerschutz,

- Einhaltung der Anforderungen des LAGA-Merkblattes „Errichtung und Betrieb von Anlagen zur Lagerung und Behandlung von Autowracks",

- Einhaltung der Anforderungen an Bodenflächen, abgestuft nach den jeweiligen Arbeitsabläufen,

- Einhaltung der Anforderungen an die technische Ausrüstung zur Entnahme von Betriebsflüssigkeiten,

- Einhaltung der Anforderungen an die Lagerung von Produkten und Abfällen.

2.2   Auditierung von Altautoverwertungsanlagen

Im folgenden wird der typische Ablauf von Betriebsprüfungen geschildert, die der TÜV Rheinland im Auftrag eines namhaften Automobilherstellers durchgeführt hat und derzeit noch durchführt. Die Betriebsprüfungen erfolgen stets unangemeldet. Diese Verfahrensweise ermöglicht es, eindeutige Erkenntnisse über die tatsächlichen Betriebsabläufe im auditierten Unternehmen zu erhalten. Bemerkenswert ist dabei die hohe Akzeptanz, die dieses Verfahren bei den Altautoverwertern genießt, die eine faire und objektive Bewertung ihres Betriebes als Unterstützung schätzen.

Nach dem Betreten des Betriebsgeländes wird zunächst der Betriebsleiter aufgesucht, um mit ihm das weitere Vorgehen für die Auditierung abzustimmen. Es folgt eine gründliche Betriebsbegehung mit Überprüfung der technischen Ausstattung und der Betriebsabläufe auf den einzelnen Arbeitsbereichen.

Im Anschluß an die Betriebsbegehung erfolgt die Überprüfung der Betriebsdokumentation. Dabei wird ein besonderer Schwerpunkt auf die Einhaltung von genehmigungsrechtlichen Auflagen und Nebenbestimmungen gelegt. Ferner erfolgt eine Plausibilitätsprüfung der Eintragungen im Betriebstagebuch (Stoffstromdokumentation). Durch die Kontrolle des Nachweisbuches (Sammlung von Begleit- und Übernahmescheinen) kann z.B. festgestellt werden, wie und wo die für einen Altautoverwertungsbetrieb typischen Abfälle entsorgt werden. Eventuell festgestellte Abweichungen werden am Ende des Audits nach festgelegten Kriterien bewertet. Dem Sachverständigen stehen für die Gesamtbewertung der Altautoverwertungsanlage 3 Leistungsklassen zur Verfügung (Tabelle 1).

Tabelle 1. Einstufung der Altautoverwertungsbetriebe in 3 Leistungsklassen gemäß dem bei der Auditierung zur Anwendung kommenden herstellerspezifischen Anforderungsprofil

A	geeignet	erfüllt alle Anforderungen
B	bedingt geeignet	geringe Abweichungen vorhanden
C	ungeeignet	gravierende Abweichungen vorhanden

2.3   Festgestellte organisatorische und technische Abweichungen

Tabelle 2 zeigt die bei 56 Betriebsprüfungen festgestellten organisatorischen und technischen Abweichungen:

Tabelle 2. Festgestellte Abweichungen

Organisatorische Mängel						
gesamtes Erscheinungsbild (Lagerhaltung etc.)	Arbeitsanweisungen/ Betriebsanweisungen	ordnungsgemäße Entsorgung der Abfälle	Nachweisbuch für überwachungsbedürftige Abfälle	Abfallbeauftragter mit Sachkundenachweis	Betriebstagebuch/ Mengenstromnachweis	vollständige Trockenlegung und/oder Endkontrolle
ca. 45%	ca. 80%	ca. 65%	ca. 50%	ca. 55%	ca. 95%	ca. 60%
Technische Mängel						
Anlieferungs- und Zwischenlagerbereich	Vorbehandlungsbereich	Entnahmetechnik	Demontagebereich	Lager für Ersatzteile	Lager für wassergefährdende Stoffe	Entwässerung der Anlage
ca. 65%	ca. 35%	ca. 65%	ca. 25%	ca. 15%	ca. 75%	ca. 60%

Hinsichtlich der in Tabelle 2 vorgenommenen Bewertung der vorgelegten Betriebstagebücher, wurden die Kriterien der Entsorgungsfachbetriebeverordnung herangezogen. Aus der Übersicht können die typischen Abweichungen der geprüften Altautoverwertungsbetriebe abgelesen werden. Hervorzuheben sind die Anforderungen an das Betriebstagebuch und an die Entnahmetechnik zur Trockenlegung, die zukünftig durch die Altauto-Verordnung gegenüber den herstellerspezifischen Prüfkriterien eine Aufwertung erfahren werden. Die Menge der Abweichungen, insbesondere in den oben dargestellten Bereichen, zeigt den akuten Handlungsbedarf. Die Ergebnisse bestätigen die bereits eingangs getroffene Aussage, daß derzeit die Mehrheit der Betriebe nicht den Anforderungen der Altauto-Verordnung entsprechen.

2.4   Festgestellte organisatorische und technische Abweichungen am Beispiel der Trockenlegung

Wie bereits erwähnt, kommt der Trockenlegung des Altfahrzeugs eine herausragende Bedeutung für einen umweltverträglichen Verwertungsprozeß zu. Aus diesem Grund werden im folgenden die festgestellten Abweichungen in bezug auf die Trockenlegung von Altfahrzeugen detaillierter dargestellt und mögliche Konsequenzen diskutiert.

Die folgenden Betrachtungen beziehen sich exemplarisch auf die Entnahme der Bremsflüssigkeit. Ausschlaggebend für diese exemplarische Betrachtung waren zwei Gründe:

- Bei Bremsflüssigkeit handelt es sich um einen Gefahrstoff mit relativ hohem Gefährdungspotential.

- Bei der Bremsanlage handelt es sich um eine flüssigkeitstragende Baugruppe, deren Bauteile über das gesamte Fahrzeug verteilt sind. Die Entnahme der Bremsflüssigkeit ist daher zeit- und kostenintensiv, und somit steigt die Wahrscheinlichkeit, daß Restflüssigkeitsmengen im System verbleiben.

Das Beispiel Bremsflüssigkeit behandelt somit den problematischsten Betriebsstoff. Eine Übertragbarkeit auf die restlichen im Fahrzeug befindlichen Betriebsflüssigkeiten ist bedingt möglich.

Gemäß dem der Auditierung zugrundeliegenden herstellerspezifischen Anforderungsprofil müssen sämtliche Betriebsflüssigkeiten entsprechend dem Stand der Technik verwertungsgerecht entnommen werden. Dazu sind geeignete Entnahmegeräte zu verwenden. An die Entnahme von Bremsflüssigkeit wird gemäß herstellerspezifischem Anforderungsprofil folgende technische Anforderung geknüpft:

Die Entnahme von Bremsflüssigkeit hat durch Absaugung mit Über- und/oder Unterdruckunterstützung aus dem Vorratsbehälter und den Radbremszylindern zu erfolgen.

Im Rahmen der durchgeführten Auditierungen erfolgte, soweit möglich, die Ermittlung der entnommenen Bremsflüssigkeitsmengen. Dabei wurde die entsorgte Gesamtmenge an Bremsflüssigkeit der Anzahl trockengelegter Altautos gegenübergestellt. Die in der Praxis erreichten Entnahmemengen und der Trockenlegungsgrad können der Tabelle 3 entnommen werden.

Tabelle 3. Durchschnittlich erreichte Entnahmemengen

Entnahme-gerät	Anzahl der überprüften Entnahme-geräte (Σ 10)	durchschnittlich erreichte Trocken-legungsmenge[a] [L/Kfz]	Trocken-legungs-grad[b] [%]	Stand der Technik gemäß UBA-Merkblatt
Hersteller A	1	0,58	83	Ja
Hersteller B	1	0,23	33	Ja
Hersteller C	3	0,13-0,20	18-28	Ja
Hersteller D	2	0,04-0,15	6-21	Ja
Hersteller E	1	0,1	14	Ja
Hersteller F	1	0,03	4	Ja
ohne Entnah-megerät	1	0,09	13	Nein

[a] Die Ermittlung der Trockenlegungsmengen erfolgte im Rahmen einer Überprüfung von 22 Altautoverwertungsanlagen.

[b] Die durchschnittliche Füllmenge liegt bei den derzeit zur Verschrottung anstehenden Fahrzeugen bei ca. 0,7 L/Kfz.

Beim Vergleich der schraffierten Felder wird deutlich, daß eine Festschreibung von technischen Mindestanforderungen und Arbeitsgängen im Rahmen der Trokkenlegung nicht zwingend eine vollständige Trockenlegung impliziert. Diese läßt sich zukünftig nur über eine betriebliche Eigenkontrolle erreichen. Tabelle 3 zeigt große Schwankungen: beim Einsatz verschiedener Entnahmegeräte und beim Einsatz eines Entnahmegerätetyps bei unterschiedlichen Verwertungsbetrieben. Ferner zeigt Tabelle 3 den Handlungsbedarf im Bereich der technischen Entwicklung von Entnahmegeräten auf.

2.5   Stand der Technik in der Trockenlegung

Im Rahmen der Altauto-Verordnung steht dem Verordnungsgeber zukünftig die Konkretisierungskompetenz zur Bestimmung des Standes der Technik für die Trockenlegung zu. Den Stand der Technik definiert § 12 Abs. 3 Kreislaufwirtschafts- und Abfallgesetz (KrW-/AbfG) als „Entwicklungsstand fortschrittlicher Verfahren, Einrichtungen oder Betriebsweisen ...". In der Regel muß die praktische Eignung einer Maßnahme im Betrieb erprobt sein. Die Definition im KrW-/AbfG entspricht Abschnitt 2.1 der TA Abfall und § 3 Abs. 6 BImSchG, wo sie entwickelt und durch umfangreiche Literatur und Rechtsprechung interpretiert worden ist. Der Stand der Technik ist ein außerordentlich komplexer Begriff. Unter dem Stand der Technik ist nicht einfach das wirksamste Verfahren, sondern ein dem wirksamsten angenähertes, optimales, technisch vernünftiges Verfahren zu verstehen.

Um vom Stand der Technik zu sprechen, müssen eine ganze Reihe von Voraussetzungen erfüllt sein, z.B.

- Wirksamkeit, Verfügbarkeit und Bedienerfreundlichkeit der Anlage,
- Betriebssicherheit, Wartungs- und Energieaufwand,
- Investitions- und Betriebskosten im Rahmen einer vernünftigen technischen Lösung.

Auf dem Weg zur Bestimmung des Standes der Technik für die Trockenlegung hat das Umweltbundesamt technische Mindestanforderungen veröffentlicht, die zukünftig im Rahmen der Prüfung gem. AltautoVO Berücksichtigung finden werden.

3   Anforderungen gemäß AltautoVO

3.1   Adressaten der zukünftigen AltautoVO

- **Besitzer von Altautos**
  - Überlassungspflichten

- **Betreiber von Annahmestellen**
  - Annahme von Altautos und Bereitstellung für den Abtransport
  - Überlassungspflichten
  - jährliche Prüfung der Tätigkeit gemäß den Anforderungen des Anhangs zur AltautoVO (Prüfung erfolgt bei Annahmestellen, die Kfz-Werkstätten sind, durch die jeweils zuständige Kraftfahrzeuginnung, alle anderen werden durch Sachverständige gemäß § 5 AltautoVO überprüft)

- **Betreiber von Verwertungsbetrieben**
  - Lagerung, Behandlung und Verwertung von Altautos
  - Überlassungspflichten
  - jährliche Prüfung der Tätigkeit gemäß den Anforderungen des Anhang zur AltautoVO (Prüfung erfolgt durch Sachverständige gemäß § 5 AltautoVO)

- **Betreiber von Anlagen zur weiteren Verwertung (Shredderanlagen)**
  - Verwertung von vorbehandelten Restkarossen
  - jährliche Prüfung der Tätigkeit gemäß den Anforderungen des Anhang zur
  - AltautoVO (Prüfung erfolgt durch Sachverständige gemäß § 5 AltautoVO)

3.2   Mindestanforderungen an Altautoverwertungsbetriebe gemäß den Anforderungen des Anhang der AltautoVO (Auszug)

- Anforderungen an die Errichtung und Ausrüstung
  - Platzgröße sowie Platzaufteilung müssen an den Fahrzeugdurchsatz angepaßt sein

- die Anlage muß in definierte Arbeitsbereiche unterteilt sein
- befestigte Flächen müssen gemäß den a.a.R.d.T. ausgeführt sein
- Abwasserbehandlungsanlagen müssen gemäß St.d.T. betrieben werden

- **Anforderungen an den Betrieb**
  - BImSchG-Genehmigung muß vorliegen
  - Erstellung und Fortschreibung eines Betriebshandbuchs
  - Entnahme der Betriebsflüssigkeiten nach dem Stand der Technik
  - Demontage von Bauteilen und Materialien
  - Erstellung und Führung eines Betriebstagebuchs

4   Vergleich der Lizenzierungs- und Zertifizierungsverfahren

Die von den Trägerverbänden des „Gemeinsamen Konzepts zum Kfz-Recycling" vorgelegten Anforderungen unterscheiden sich nicht grundsätzlich von den Anforderungen der Altauto-Verordnung. In erster Näherung kann festgestellt werden, daß die herstellerspezifischen Prüfkriterien auch durch die AltautoVO abgedeckt werden. Die AltautoVO hat gegenüber sämtlichen herstellerspezifischen Anforderungsprofilen jedoch einen erweiterten Anwendungsbereich und normiert in Teilbereichen weitergehende Anforderungen, wie z.B.:

- Von der AltautoV sind auch Annahmestellen und Shredderanlagen betroffen.
- Altautoverwertungsbetriebe werden gemäß AltautoVO verpflichtet, die Überlassung eines Altautos durch den Verwertungsnachweis zu bescheinigen,
- ein Betriebshandbuch zu erstellen und fortzuschreiben,
- ein Betriebstagebuch zu erstellen und zu führen.
- Die AltautoVO erlaubt die Konkretisierung des Stands der Technik in der Trockenlegung.
- Sachverständige müssen ihre Qualifikation nachweisen (Zulassungsverfahren).

Da eine Lizenzierung durch einen oder mehrere Automobilhersteller nach der derzeitigen Praxis stets auch die Erfüllung markenspezifischer Kriterien beinhaltet, führt dies unter den gegenwärtigen Bedingungen zu Mehrfachauditierungen und somit zu einer erheblichen Bindung von Zeit und Kosten, sowohl bei den Automobilherstellern als auch bei den Altautoverwertern.

Nach Inkrafttreten der AltautoVO wird, sofern eine einheitliche Verfahrensweise der Auditierung und die Vergleichbarkeit ihrer Ergebnisse erreicht werden kann, eine gegenseitige Anerkennung der Auditergebnisse möglich sein. Dadurch wird erreicht, daß jeder Hersteller auf das Ergebnis einer einmal durchgeführten Auditierung eines unabhängigen Sachverständigen gemäß § 5 AltautoVO zurückgreifen kann. Damit entfallen die Kosten für die verschiedenen herstellerspezifischen Prüfungen.

5   Zusammenfassung und Ausblick

Die bislang von einzelnen Automobilherstellern durchgeführten herstellerspezifischen Auditierungen von Altautoverwertungsunternehmen haben zu einer erkennbaren Qualifizierung und Harmonisierung in der Altautovertungsbranche geführt.

Zukünftig werden Annahmestellen, Altautoverwertungs- und Shredderanlagen per Altauto-Verordnung dazu verpflichtet, sich dem Zertifizierungsverfahren gemäß Altauto-Verordnung zu stellen. Die AltautoVO sieht eine jährlich wiederkehrende Prüfung vor. Stellt der Sachverständige durch die Prüfung die Konformität zwischen dem Anlagenbetrieb und den Anforderungen der AltautoVO fest, erhält der Anlagenbetreiber hierüber eine Prüfbescheinigung. Nach Erhalt der Prüfbescheinigung ist das Unternehmen dazu berechtigt, den sogenannten Verwertungsnachweis auszustellen.

Betreiber von Altautoverwertungsbetrieben sind gut beraten, sich frühzeitig mit den Anforderungen der AltautoVO auseinanderzusetzen, und eventuell vorhandene Abweichungen in bezug auf die Altauto-Verordnung umgehend abzustellen.

Voraussetzung für die Reduzierung der bestehenden Wettbewerbsverzerrungen ist die konsequente Umsetzung der in der AltautoVO normierten Anforderungen. Als wesentliche Steuerungselemente einer umweltgerechten Altautoverwertung in Deutschland sind vom Gesetzgeber die jährlich wiederkehrenden Prüfungen und der Verwertungsnachweis vorgesehen.

Mit der Prüfung gemäß AltautoVO wurde neben den schon bestehenden ein weiteres Verfahren zur Zertifizierung von Verwertungsbetrieben geschaffen. Zur Frage, für welches Zertifizierungsverfahren ein Verwertungsbetrieb sich entscheiden sollte, ist folgendes festzustellen: Das Zertifizierungsverfahren gemäß AltautoVO gehört zukünftig für alle Betreiber von Altautoverwertungs- und Shredderanlagen zum „Pflichtprogramm".

Andere Zertifizierungsverfahren, z.B. nach DIN EN ISO 9000 ff oder gemäß Öko-Audit-Verordnung (EWG Nr. 1836/93), ersetzen nicht eine Überprüfung nach der AltautoVO.

Eine Zertifizierung gemäß Entsorgungsfachbetriebeverordnung, die bei der Prüfung die Anforderungen der AltautoVO berücksichtigt, wird vom Verordnungsgeber als gleichwertig eingestuft, jedoch erfordert dieses Verfahren vom Unternehmen einen erhöhten personellen wie finanziellen Aufwand. Die Zertifizierung gemäß Entsorgungsfachbetriebeverordnung bietet deshalb nur den Betrieben einen zusätzlichen Nutzen, die neben der Altautoverwertung auch andere Entsorgungsdienstleistungen anbieten.

Die weitere Entwicklung der Altautoverwertung wird durch einen starken Konzentrationsprozeß und daraus resultierend durch erhöhten Wettbewerbsdruck geprägt sein. Gute Geschäftsaussichten werden zukünftig denjenigen Unternehmen prognostiziert, die insbesondere in die Bereiche Akquisition von Neukunden (Annahmestellen) und Vertrieb von geprüften Ersatzteilen investieren.

Literatur

ARiV-Automobil-Recycling im Verbund (1992) Aufbaukonzept. Initiativkreis Ruhrgebiet, Essen

Bundesministerium für Umwelt, Naturschutz und Reaktorsicherheit (1991) Altautoentsorgung – Großversuche zur Auswirkung von Vorentsorgungsmaßnahmen auf den Gehalt an Polychlorierten Biphenylen und Kohlenwasserstoffen in Shredderrückständen, Bonn

Reimann, H.-J., Kehler, D. (1991) „Zur Feldanalyse niedersächsischer Autowrackplätze". Neue Konzepte für die Autoverwertung, VDI-Bericht 934, VDI-Verlag, Düsseldorf

Die Altautoentsorgung – Freiwillige Selbstverpflichtung der Wirtschaft und Altauto-Verordnung

Axel Kopp

1   Allgemeines

Der Bundestag hat am 12. Juni 1997 der von der Bundesregierung im November 1996 beschlossenen und vom Bundesrat im Mai dieses Jahres mit einigen Veränderungen gebilligten Verordnung über die Entsorgung von Altautos und die Anpassung straßenverkehrsrechtlicher Vorschriften – kurz Altauto-Verordnung – zugestimmt. Damit sind die notwendigen Regelungen zur Neuordnung der Altautoentsorgung geschaffen worden. Die Verordnung ist am 10. Juli 1997 im Bundesgesetzblatt Teil I, Nr. 46, S. 1666 ff verkündet worden. Sie tritt nach einer Übergangszeit von 9 Monaten nach der Verkündung am 1. April 1998 in Kraft.

Die Verwirklichung der abfallwirtschaftlichen Ziele auf der Grundlage des Kreislaufwirtschafts- und Abfallgesetzes (KrW-/AbfG) wird zum einen durch kooperative Maßnahmen der Wirtschaft und zum anderen durch die Altauto-Verordnung erreicht. Mit dieser Information sollen die Grundzüge dieser Regelungen näher erläutert werden.

2   Die Freiwillige Selbstverpflichtung

2.1   Allgemeine Zielsetzung

Am 21. Februar 1996 haben unter der Federführung des Verbandes der Automobilindustrie e.V. (VDA) 14 weitere beteiligte Wirtschaftsverbände gegenüber der Bundesregierung die „Freiwillige Selbstverpflichtung zur umweltgerechten Altautoverwertung (Pkw) im Rahmen des Kreislaufwirtschaftsgesetzes" abgegeben. Mit dieser kooperativen Maßnahme wird vorrangig der Erfüllung der in § 22 KrW-/AbfG festgelegten Grundpflichten der Produktverantwortung Rechnung getragen. Hierdurch wird allen Wirtschaftsbeteiligten ein flexibler Rahmen gegeben, um die

Ziele zur Verbesserung der Altautoentsorgung vornehmlich in eigener Verantwortung und Regie und unter wirtschaftlich effizienten Bedingungen zu erreichen. Die allgemeinen Zielsetzungen dieser Selbstverpflichtung sind:

- recyclinggerechte Konstruktion der Fahrzeuge,
- umweltverträgliche Behandlung der Altautos (Trockenlegung und Demontage) und
- Entwicklung, Aufbau und Optimierung von Stoffkreisläufen, um die Verwertungsmöglichkeiten zu verbessern und dadurch insbesondere die Abfälle aus dem Shredderprozeß zu verringern.

2.2   Pflichten der Beteiligten

In Kooperation aller Beteiligten unter vorrangiger Beteiligung der Automobilindustrie und des Kraftfahrzeughandwerks ist eine flächendeckende Infrastruktur zur Annahme und Verwertung von Pkw in Deutschland aufzubauen. Die Entnahme von Betriebsstoffen, die Demontage und die weitere Verwertung von Teilen und Materialien aus Altautos sowie deren ordnungsgemäße Beseitigung sind umweltverträglich zu gestalten. Die bislang nicht verwertbaren Abfälle, insbesondere die Shredderleichtfraktion aus dem Shredderprozeß, sind schrittweise spätestens bis zum Jahre 2015 von jetzt 25 Gew.-% auf maximal 5 Gew.-% zu verringern. Die Koordinierung der notwendigen Maßnahmen erfolgt innerhalb der Arbeitsgemeinschaft (ARGE Altauto) beim VDA. Die Selbstverpflichtung tritt mit Verkündung der Altauto-Verordnung in Kraft. Der Bundesregierung ist regelmäßig im Abstand von 2 Jahren über die Umsetzung der Selbstverpflichtung zu berichten.

Über diese Maßnahmen hinaus haben sich Hersteller und Importeure verpflichtet, alle Fahrzeuge, die ab Inkrafttreten der Verordnung neu in den Verkehr kommen, zu bestimmten Bedingungen bis zu einem Alter von 12 Jahren kostenlos vom Letzthalter zurückzunehmen.

3   Die Altauto-Verordnung

3.1   Allgemeine Zielsetzung

Mit der Altauto-Verordnung werden die notwendigen rechtlichen Rahmenbedingungen für die Verbesserung der Altautoentsorgung in Deutschland geschaffen und in Ergänzung der Freiwilligen Selbstverpflichtung diejenigen Regelungen getroffen, die durch freiwillige Maßnahmen nicht möglich sind. Durch einheitliche Wettbewerbsbedingungen wird zugleich eine verläßliche Grundlage für Investitionsentscheidungen geschaffen. Hauptziele der Verordnung sind die Lenkung der Altautos in bestimmte, umweltgerecht arbeitende Betriebe, die Entlastung der

Vollzugsbehörden durch Übernahme von Überwachungsaufgaben durch qualifizierte Sachverständige sowie die Festlegung von Umweltstandards für Annahmestellen, Verwertungsbetriebe und Shredderanlagen. Hierdurch ergeben sich eine Reihe von neuen Regelungen und Pflichten der Beteiligten, die im folgenden erläutert werden.

3.2   Pflichten des Autobesitzers

Wer künftig ein Altauto mit dem Ziel der Verwertung endgültig stillegen will, muß dieses einem anerkannten Verwertungsbetrieb überlassen. Den hierfür von dem Verwertungsbetrieb auszustellenden sog. Verwertungsnachweis hat der Autobesitzer bei der Abmeldung der Zulassungsstelle vorzulegen.

Ein Verwertungsbetrieb erhält die notwendige Anerkennung dann, wenn er eine entsprechende Bescheinigung durch einen Sachverständigen besitzt. Nur ein anerkannter Verwertungsbetrieb ist berechtigt und verpflichtet, den Verwertungsnachweis auszustellen. Der Verwertungsbetrieb wird häufig in Kooperation mit Automobilherstellern am Markt tätig werden. Die Entsorgungsdienstleistung des Verwertungsbetriebs wird mit den möglichen Erlösen aus dem Altauto verrechnet. Der Altautobesitzer wird deshalb je nach Alter, Typ und Zustand seines Fahrzeugs entweder eine Vergütung erzielen oder einen bestimmten Betrag zu entrichten haben. Soll das Fahrzeug zwar endgültig stillgelegt, aber nicht verwertet werden, sondern beispielsweise im Besitz des Halters oder Eigentümers bleiben (Sammlerstück, längerfristige Reparatur), so hat der Autobesitzer eine entsprechende Erklärung über den Verbleib des Fahrzeugs der Zulassungsstelle abzugeben. Hierdurch soll der zuständigen Behörde die Überprüfung erleichtert werden, ob das Fahrzeug z.B. ohne Gefährdung für die Umwelt gelagert wird.

Wird ein Fahrzeug nicht endgültig, sondern nur vorübergehend stillgelegt, so ist eine etwaige spätere Verwertung der Zulassungsstelle unverzüglich mit dem Verwertungsnachweis anzuzeigen oder aber eine entsprechende Verbleibserklärung abzugeben. Wird das Fahrzeug innerhalb eines Jahres nach der vorübergehenden Stillegung wieder zugelassen, ergeben sich keine weiteren Formalitäten. Nach Ablauf eines Jahres nach vorübergehender Stillegung gilt das Fahrzeug allerdings als endgültig stillgelegt. Daher ist dann ebenfalls der Verwertungsnachweis oder die Verbleibserklärung vorzulegen.

3.3   Pflichten der Annahmestellen und Verwertungsbetriebe

Neben den Verwertungsbetrieben können auch sog. Annahmestellen Altautos vom Letztbesitzer zurücknehmen. Diese nehmen keine Behandlung der Altautos vor, sondern allein die Rücknahme vom Letztbesitzer und Weiterleitung an einen anerkannten Verwertungsbetrieb. Auch eine Annahmestelle muß über eine Anerkennung verfügen. Annahmestellen können Vertragshändler von Automobilherstellern oder auch Kfz-Betriebe sein. Die Annahmestelle kann den Verwertungsnachweis im Auftrag eines anerkannten Verwertungsbetriebs aushändigen.

Annahmestellen und Verwertungsbetriebe haben bestimmte Umweltschutzanforderungen zu erfüllen, um anerkannt werden zu können. Neben allgemeinen Anforderungen gelten solche an den Betrieb (z.B. Platzgröße und Ausrüstung), an die Behandlung von Altautos sowie die Dokumentation. Die Anforderungen an Verwertungsbetriebe sind angesichts möglicher Umweltgefahren detaillierter und betreffen insbesondere die Vorbehandlung und Trockenlegung von Altautos zur umweltgerechten weiteren Verwertung sowie die Demontage bestimmter Materialien und Bauteile. Der Verwertungsbetrieb soll bis zum Jahre 2002 eine Verwertung bestimmter Bauteile/Materialien/Betriebsflüssigkeiten von mindestens 15 Gew.-% bezogen auf das jeweilige Leergewicht eines Altautos erreichen.

Der Verwertungsbetrieb ist zudem verpflichtet, Restkarossen (vorbehandelte Altautos) nur einer anerkannten Shredderanlage oder einer sonstigen Anlage zur weiteren Verwertung zu überlassen.

Die erforderliche Anerkennung erfolgt bei Annahmestellen, die Kfz-Betriebe sind, durch die jeweils zuständige Kfz-Innung; bei den Verwertungsbetrieben und den Shredderanlagen erfolgt die Anerkennung durch bestimmte, qualifizierte Sachverständige. Betriebe gelten auch dann als anerkannt, wenn sie Entsorgungsfachbetriebe sind. Sowohl die Annahmestelle als auch der Verwertungsbetrieb müssen sich im Rahmen ihrer Überlassungspflichten vergewissern, daß der Betrieb, dem ein Altauto oder eine Restkarosse überlassen wird, die erforderliche Anerkennung besitzt.

3.4   Pflichten der Shredderbetriebe

Shredderbetriebe sollen neben der Einhaltung allgemeiner Anforderungen an den Betrieb der Anlage und an die ordnungsgemäße und schadlose Verwertung sowie die gemeinwohlverträgliche Beseitigung die beim Shredderprozeß anfallenden Abfälle zur Beseitigung schrittweise bis zum Jahre 2015 auf weniger als 5 Gew.-% bezogen auf das jeweilige Leergewicht des Altautos verringern. Dies erfordert künftig eine weitgehende Vordemontage sowie Verfahren zur stofflichen und/oder energetischen Verwertung der Shredderleichtfraktion. Darüber hinaus werden ähnlich wie bei den Verwertungsbetrieben Anforderungen an die Dokumentation festgelegt.

3.5   Überwachung durch Sachverständige

Die Altauto-Verordnung überträgt bestimmten, qualifizierten Sachverständigen die Überprüfung der Verwertungsbetriebe und der Shredderbetriebe sowie derjenigen Annahmestellen, die nicht Kfz-Betriebe sind. Die Bescheinigung zur Anerkennung ist zu erteilen, wenn die jeweiligen Anforderungen des Anhangs erfüllt werden.

Sachverständiger kann werden, wer nach § 36 der Gewerbeordnung von der jeweiligen Kammer öffentlich bestellt ist oder wer durch ein Mitglied des Deutschen Akkreditierungsrates zertifiziert worden ist. Darüber hinaus können Überwachungsorganisationen durch Mitglieder des Deutschen Akkreditierungsrates akkreditiert werden. Dies gilt beispielsweise für Technische Überwachungsvereine, die in diesem Fall die in ihrem Auftrag tätigen Sachverständigen zu benennen haben. Das Bundesumweltministerium erarbeitet z.Z. die in der Altauto-Verordnung genannte Bekanntmachung zur einheitlichen Durchführung des Überprüfungsverfahrens durch Sachverständige.

3.6   Ordnungswidrigkeiten

Die Altauto-Verordnung enthält eine Reihe von Ordnungswidrigkeitentatbestände, wenn gegen wichtige Regelungen verstoßen wird. Dies gilt z.B. dann, wenn gegen die Überlassungspflichten verstoßen wird, wenn eine ordnungsgemäße Überlassung nicht bescheinigt wird, eine Annahmestelle einen Verwertungsnachweis ausstellt, ohne von einem Verwertungsbetrieb hierzu beauftragt worden zu sein, die Bescheinigung über die Anerkennung der zuständigen Behörde nicht vorgelegt wird oder wer als Sachverständiger eine Bescheinigung erteilt, ohne daß die Voraussetzungen hierzu gegeben waren.

3.7   Inkrafttreten, Übergangsfrist

Die Verordnung tritt 9 Monate nach Verkündung am 1. April 1998 in Kraft. Um das in der Freiwilligen Selbstverpflichtung vorgesehene flächendeckende Rücknahme- und Verwertungsnetz mit dem Instrument des Verwertungsnachweises in der Praxis zu installieren, ist es erforderlich, umgehend mit dem Anerkennungsverfahren für die Annahmestellen, Verwertungsbetriebe und Shredderanlagen zu beginnen. Die Bescheinigung zur Anerkennung des Betriebs kann erteilt werden, wenn die entsprechenden Voraussetzungen vorliegen und das Wirksamwerden der Bescheinigung an das Datum des Inkrafttretens der Verordnung geknüpft wird.

3   Wettbewerb in der Entsorgungswirtschaft

Durch die Altauto-Verordnung in Verbindung mit der Freiwilligen Selbstverpflichtung werden einheitliche Wettbewerbsbedingungen für die Wirtschaftsbeteiligten geschaffen. Alle Betriebe, die die Anforderungen der Verordnung erfüllen, haben Zugang zum Markt der Altautoentsorgung.

Neben den Kooperationen zwischen Automobilherstellern und Annahmestellen sowie Verwertungsbetrieben zur Umsetzung der Ziele der Freiwilligen Selbstverpflichtung wird es zu Kooperationen zwischen Annahmestellen und Verwerterbetrieben unabhängig von Automobilherstellern kommen. Diese Strukturen gewährleisten den freien Wettbewerb untereinander und führen auf diese Weise zu einer für alle Beteiligten positiven, marktorientierten Preisbildung für Produkte und Dienstleistungen.

4   Export von Altautos

Werden Restkarossen oder stillgelegte Altautos zum Zweck der Verwertung ins Ausland verbracht, gelten hierfür die Vorschriften der Verordnung entsprechend. Das heißt, auch für diese Altautos ist grundsätzlich ein Verwertungsnachweis vorzulegen, der von dem im Ausland ansässigen Verwertungsbetrieb ausgestellt wird. Insofern muß sowohl der ausländische Verwertungsbetrieb als auch der ausländische Shredderbetrieb über die Anerkennung durch einen Sachverständigen verfügen, der entsprechend der Verordnung qualifiziert ist.

Die einschlägigen Bestimmungen über den Abfallexport bleiben unberührt. Das bedeutet, daß beispielsweise die Verbringung von Altautos nach der EU-Abfallverbringungs-Verordnung nur dann ohne Notifizierung als sog. Abfälle der Grünen Liste erfolgen darf, wenn die Altautos trockengelegt sind. Die Anforderungen an die Trockenlegung richten sich nach dem Anhang der Altauto-Verordnung.

Instrumente und Regelungen

Altauto-Verordnung vom 04. 07. 97	Selbstverpflichtung vom 21. 02. 96

• Festlegung von Mindeststandards für Verwertungsbetriebe
  - Errichtung/Ausrüstung
  - Betrieb
    * Trockenlegung
    * Demontage
    * Behandeln der Abfälle
  - Dokumentation
 	
• Anerkennung und regelmäßige Kontrolle durch qualifizierte Sachverständige (z.B. öffentliche Bestellung, Zertifizierung)
 	
• Überlassungspflichten
  - des Letztbesitzers gegenüber anerkannten Verwertungsbetrieben (VB) bzw. anerkannten Annahmestellen (ASt)
  - der anerkannten ASt gegenüber einem anerkannten VB
  - des anerkannten VB gegenüber anerkannten Shredderanlagen oder sonstigen Anlagen zur weiteren Verwertung
 	
• Verwertungsnachweis bei endgültiger Stillegung zur Vorlage bei Zulassungsstelle, alternativ Verbleibserklärung (§ 27 a StVZO)
	• Auf- und Ausbau einer flächendeckenden Entsorgungsinfrastruktur
	
	• Kooperation mit Verwertungsbetrieben / Annahmestellen
	
	• freier Zugang für qualifizierte Betriebe
	
	• recyclinggerechte Konstruktion / Produktion von Automobilen
	
	• Verringerung noch zu beseitigender Abfälle (v.a. SLF) auf
	  < 15 % bis 2002
	  < 5 % bis 2015
	
	• kostenlose Rücknahme von Altautos (12 Jahre)
	
	• Monitoring

Konzept der Bundesregierung zur ökologischen Neuordnung der Altautoentsorgung

Ziele

- recyclinggerechte Konstruktion und Produktion von Automobilen

- Auf- und Ausbau einer Entsorgungsinfrastruktur zur Rücknahme und Verwertung von Altautos

- Verbesserung der Umweltschutzstandards der Verwertungsbetriebe

- Steigerung der Verwertung von bislang zu beseitigenden Abfällen und Schließung von Stoffkreisläufen

- Lenkung von Altautos und Restkarossen in umweltgerecht arbeitende Betriebe

- Übernahme von Produktverantwortung nach dem Kreislaufwirtschaftsgesetz

Die Altauto-Verordnung in der Praxis am Beispiel der Fa. Schrott Nasz GmbH, Weiherhammer

Anita Stadelbauer

Die Firma Schrott Nasz GmbH ist ein mittelständisches Unternehmen im Bereich Schrott- und Autoverwertung, das seit 1946 im Regierungsbezirk Oberpfalz ansässig ist. Am Beispiel dieses Unternehmens wird im folgenden die Thematik der Umsetzung der AltautoVO in die Praxis erläutert.

Die Firma Nasz ist im Rahmen der AltautoVO Betreiber eines Verwertungsbetriebes. Seit ca. einem Jahr ist das Unternehmen für die Automobilindustrie als „Altautoverwerterbetrieb" tätig. Die Gesamtbetriebsgröße am Standort beträgt 14 000 m^2, davon werden 4000 m^2 im Rahmen der AltautoVO genutzt. Die Einteilung der Flächen nach der Vorgabe der AltautoVO ist dem Flächenlayout zu entnehmen (Abb. 1).

Für die Umsetzung der rechtlichen Anforderungen an Verwertungsbetriebe wurden bei der Errichtung für die Gebäude, die Außenanlagen und die technische Ausrüstung 2,26 Mio. DM investiert.

Diese Investition soll im folgenden den möglichen Erlösen aus dem Verwertungsbetrieb gegenübergestellt werden. Auf der Basis der Daten der bisher angenommenen Fahrzeuge wurde deren Altersstruktur ermittelt (Abb. 2).

Aus dieser Übersicht ist klar zu entnehmen, daß die meisten Fahrzeuge aus einem Erstzulassungszeitraum von 1982-1987 stammen. Der Teileausbau und -verkauf aus Fahrzeugen dieser Altersstruktur ist als unlukrativ anzusehen. Hauptkriterium ist hier nicht zuletzt, daß die Fahrzeugmotoren nicht mit Katalysatoren ausgerüstet sind und somit ein Verkauf nahezu unmöglich ist. Auch die Nachfrage bei anderen Teilen kann als verschwindend gering bezeichnet werden. Aus diesem Grund wird momentan auf eine Teiledemontage verzichtet.

Für die trockengelegte, gepreßte Restkarosse kann zur Zeit ein Erlös von 80 DM je Fahrzeug erzielt werden.

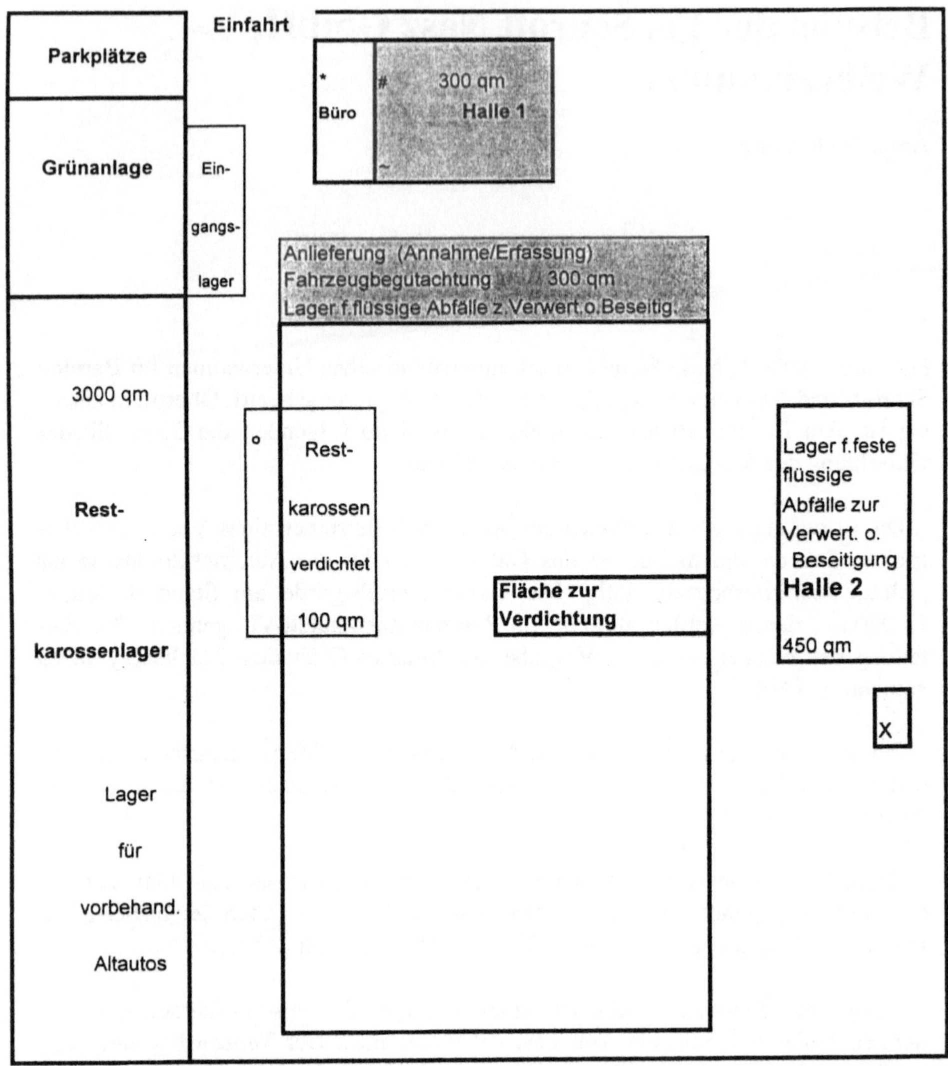

Abb. 1. Flächenlayout des Betriebsgeländes der Firma Nasz

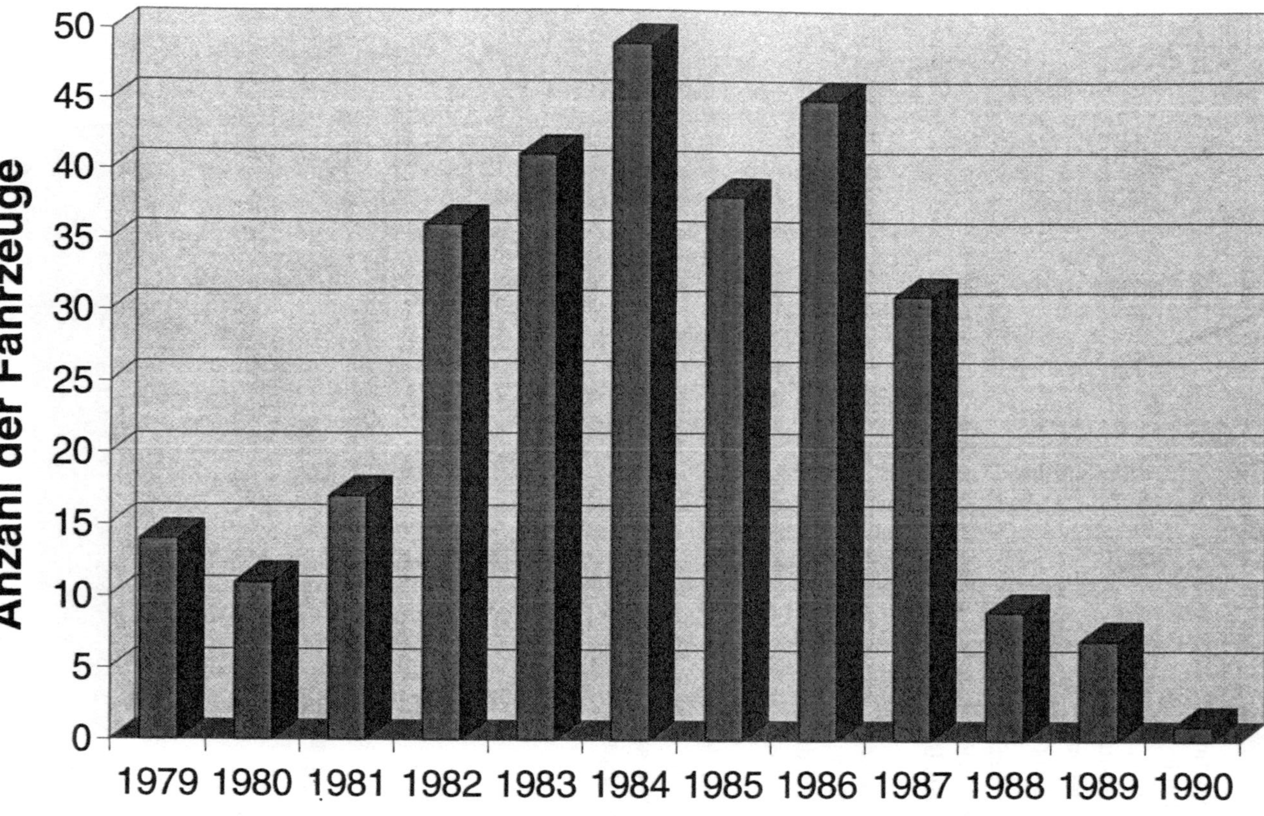

Abb. 2. Altersstruktur der bisher angenommenen Fahrzeuge

Von diesem Erlös sind jedoch sämtliche Handlingkosten zu bestreiten, wie

- Verwiegung,
- Trockenlegung,
- Lagerung,
- Verpressung,
- Verwiegung,
- Verladung.

Allein aus dieser Betrachtung ist ersichtlich, daß die Investitionen in keiner Relation zu den Erlösen stehen. Abhilfe kann hier nur eine Erweiterung des Teileverkaufs ins Ausland bringen, der zur Zeit noch lukrativ ist.

Ein weiterer schwerwiegender Punkt ist, daß momentan (vor Inkrafttreten der AltautoVO am 01.04.1998) noch genügend andere Mitbewerber Altautos annehmen können, die diesen Investitionsaufwand bisher gescheut haben und die rechtlichen Anforderungen aus der VO nicht im geringsten erfüllen.

Hier wäre den Verwertungsbetrieben nach AltautoVO aus Gründen der Chancengleichheit stark geholfen, wenn hinsichtlich der Umsetzung der AltautoVO auch für alle anderen Betriebe, die Altautos annehmen, in der Praxis die gleichen Maßstäbe angesetzt würden.

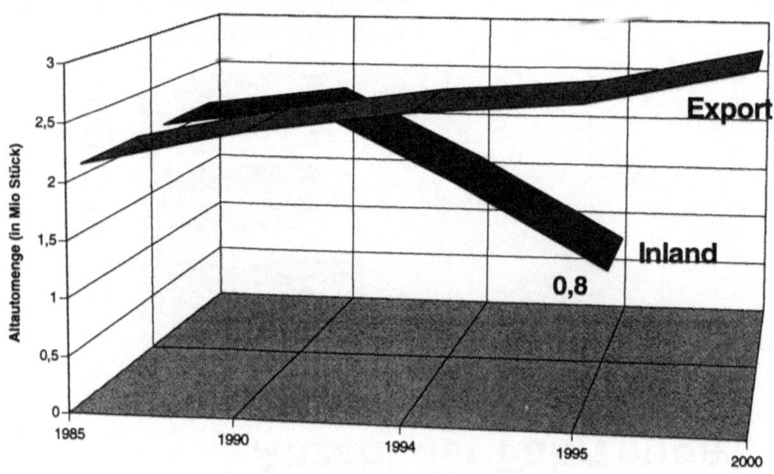

Abb. 3. Altautoaufkommen in Deutschland und Durchsatz deutscher Shredder an Autowracks

Diese Thematik ist in der Vergangenheit im Bereich der Schrottverwertung ein altes, noch nicht gelöstes Problem. Hier sind vor allem nach Inkrafttreten der VO die Behörden in der Überwachung gefordert, da sonst starke Wettbewerbsunterschiede zum Tragen kommen. Es bleibt ungewiß, ob am Stichtag 01.04.1998 *auch in der Praxis* alles anders wird!

Ein weiteres wesentliches Kriterium, das den Verwertungsbetrieben nicht unwesentlich zu schaffen macht, ist der hohe Anteil an Altfahrzeugen, die zur Verwertung ins benachbarte Ausland verbracht werden (Abb. 3).

Abschließend ist noch der Wunsch nach einem konkret definierten, sauber abgegrenzten Altautobegriff, den die VO nicht abschließend beinhaltet, zu äußern.

Nach den vielseitigen Diskussionen im Vorfeld zur AltautoVO bleibt der Blick in die Zukunft „Was bringt der 01.04.1998 für die Praxis !"

Die Altauto-Verordnung aus Sicht der Kraftfahrzeug-Überwachungsorganisation freiberuflicher Kfz-Sachverständiger e.V.

Thomas Firmery

1 Pkw-Zulassungen

In der heutigen Zeit ist Mobilität nicht nur ein individuelles Grundbedürfnis, sondern eine der wichtigsten Säulen unserer Gesellschaft. Das Auto hat unsere Wohlstands- und Freizeitgesellschaft entscheidend mitgeprägt. Keiner möchte heute mehr auf seinen „fahrbaren Untersatz" verzichten. Aber Luftbelastung, Lärm und Flächenbedarf des Verkehrs beeinträchtigen zunehmend unsere Umwelt. Nicht vergessen werden darf hier aber auch die Belastung der Umwelt durch die Autos, die zur Mobilität nicht mehr gebraucht werden. Jedes Jahr werden etwa 2,5 Mio. Altautos endgültig stillgelegt und stehen zur Entsorgung an. Dabei entstehen nach Schätzung von Experten jährlich rund 500 000 t schadstoffhaltiger Abfälle aus dem Shredderprozeß.

Sieht man sich die Zulassungszahlen für Pkw und Pkw-Kombi der letzten Jahre an, sind die Zahlen bis 1992 ständig angestiegen und haben 1992 mit fast 4 Mio. Neuzulassungen den Höchststand erreicht. 1993 war der Einbruch mit knapp 3,2 Mio. Neuzulassungen, und seitdem steigt die Zahl der jährlichen Neuzulassungen bei Pkw und Pkw-Kombi wieder an. 1994 waren es knapp über 3,2 Mio., 1995 mehr als 3,3 Mio. und 1996 fast 3,5 Mio. Neuzulassungen auf dem Pkw-Sektor. Für 1997 wird eine Zahl vorhergesagt, die knapp über Marke von 3,5 Mio. Neuzulassungen liegen wird. Die Entwicklung der Neuzulassungen im ersten Halbjahr 1997 lag unter den geschätzten und erhofften Erwartungen. Für die zweite Jahreshälfte wird ein Anstieg vorausgesagt, so daß die Zahl von etwas mehr als 3,5 Mio. Neuzulassungen erreicht wird. Nach vorläufigen Schätzungen wird auch in den nächsten Jahren bis zur Jahrtausendwende die Grenze von jährlich 3,5 Mio. Neuzulassungen bei diesen Fahrzeugen überschritten werden.

Der Bestand an Personenkraftwagen und Pkw-Kombis hat sich in den letzten 20 Jahren mehr als verdoppelt. Waren 1977 gerade einmal 20 Mio. dieser Fahrzeuge zugelassen, so wird der Bestand dieser Fahrzeuge zum Jahresende 1997 auf 41,3 Mio. Pkw geschätzt.

2   Prognosen für die Zukunft

Alle Beteiligten schauen gespannt in die Zukunft. Wie wird sich der Markt entwikkeln? Eine aktuelle Studie von Shell vom September 1997 stellt die Prognose auf, daß die Zahlen bei den Neuzulassungen für Pkw weiterhin steigen werden. Im Jahre 1998 wird sich nach Schätzungen die Nachfrage nach neuen Pkw wieder beleben und in den kommenden Jahren verhalten fortsetzen.

Marktpolitisch wird sich dies auf den Pkw-Bestand auswirken. Durch das langsamere Anwachsen von Bevölkerung und Motorisierung wird sich auch die Wachstumsrate zwangsläufig verringern. Dies bedeutet, daß der Anteil am Neubedarf bei den Neuzulassungen sinken und der Ersatzbedarf immer stärker an Bedeutung gewinnen wird. 1996 wurden nach der Studie nur noch 16% zusätzliche Pkw in den Verkehr gebracht. Nach der Statistik lag diese Zahl 1970 noch bei weit über 50%.

Weiterhin spielt die Lebens- bzw. Nutzungsdauer eines Pkw eine entscheidende Rolle. Lag das Durchschnittsalter im Pkw-Bereich im Jahr 1970 noch bei ca. 9 Jahren, so liegt es heute bei nahezu 12 Jahren – mit steigender Tendenz. Dies bedeutet, daß die Fahrzeuge immer länger genutzt werden. Für die Zukunft kann man davon ausgehen, daß der Anteil des Ersatzbedarfs noch weiter ansteigt. Daraus läßt sich die Schlußfolgerung ziehen, daß zwangsläufig der Anteil der anfallenden Altfahrzeuge steigen wird.

Der Begriff „Ersatzbedarf" bezeichnet die Situation, daß ein Altauto durch ein neues Auto ersetzt wird. Die Voraussagen gehen soweit, daß vielleicht in 15 Jahren die Zahl der Neuzulassungen nahezu identisch ist mit der Zahl der Ersatzfahrzeuge. Dies würde bedeuten, daß der Neubedarf gegen Null geht und fast jedes Neufahrzeug ein Altfahrzeug ersetzt.

Betrachtet man nun die Anzahl der jährlich etwa 2,5 Mio. Altfahrzeuge, die nicht mehr gebraucht und endgültig stillgelegt werden, dann war es aus umweltpolitischer Sicht unumgänglich, die Kreislaufwirtschaft auch beim Automobil zu vollziehen.

Mit der Verordnung und der „Freiwilligen Selbstverpflichtung zur umweltgerechten Altautoverwertung (Pkw) im Rahmen des Kreislaufwirtschaftsgesetzes"

vom 21.02.1996 soll unter Berücksichtigung des Kreislaufwirtschafts- und Abfallgesetzes (KrW-/AbfG) vom 27.09.1994 eine Verbesserung der Altautoentsorgung
erzielt werden.

Dazu haben sich die Fahrzeughersteller sowie die maßgeblichen Wirtschaftszweige der Zulieferer, des Autoteilehandels und weiterer an der Altfahrzeugentsorgung beteiligter Branchen zum Aufbau eines flächendeckenden Rücknahme-
und Verwertungssystems verpflichtet. Die Autohersteller haben zugesichert, die
Altautos der eigenen Marke vom letzten Besitzer zurückzunehmen. Der Fahrzeughalter kann sein Fahrzeug bei einer anerkannten Annahmestelle abgeben. Die zu-
rückgenommenen Altautos werden umweltverträglich trockengelegt und demontiert. Dazu gibt es spezielle Rücknahme- und Verwertungsbetriebe.

3   Umwelt und Auto

Die eingangs geschilderte Mobilität bringt für den einzelnen viele Vorteile. Die
Nachteile für den Straßenverkehr allgemein dürfen dabei aber nicht außer acht
gelassen werden.

Die Emissionen, die durch den Kraftfahrzeugverkehr entstehen, verursachen fast
die Hälfte der Umweltbelastung durch Luftschadstoffe. Aber durch den Kraftfahrzeugverkehr entstehen nicht nur Luftschadstoffe. Der Lärm, der durch den Straßenverkehr entsteht, hat mittlerweile solche Ausmaße erreicht, daß sich mehr als
die Hälfte der Bevölkerung durch den Straßenverkehrslärm belästigt fühlen.

Die Bundesregierung hat in den letzten Jahren auf diese zunehmenden Umweltbelastungen mit entsprechenden Maßnahmen reagiert. Einige wichtige Maßnahmen
sind aus unserer Sicht:

- Maßnahmen, die direkt das Fahrzeug betreffen:
  Pflicht zur Abgasuntersuchung für Fahrzeuge mit Dieselmotoren und für Fahrzeuge mit G-Kat und Lambda-Regelung ab dem 1. Dezember 1993. Dabei
  wird der Schadstoffausstoß bei den im Verkehr befindlichen Fahrzeugen überprüft.
- Verringerung der Grenzwerte für Geräuschemissionen bei Neufahrzeugen,
- Verringerung der Grenzwerte der Schadstoffe bei Neufahrzeugen.

Die meisten Fahrzeughersteller erreichten die schärferen Abgasgrenzwerte nur
durch die Einführung neuer Techniken. In den meisten Fällen war die Einhaltung
der Grenzwerte bei Kraftfahrzeugen mit Fremdzündungsmotor nur durch einen 3-
Wege-Katalysator mit lambdageregelter Gemischaufbereitung realisierbar. Ebenso
werden inzwischen bei Dieselfahrzeugen Katalysatoren zur Schadstoffreduzierung
der Abgase eingebaut.

Weitere wichtige umweltpolitische Maßnahmen:

- Verabschiedung des „Ozon-Gesetzes",
- Einführung der schadstoffbezogenen Kfz-Steuer,
- Einführung spezieller Zapfventile (sog. „Saugrüssel") an Tankstellen zur Rückführung der Kohlenwasserstoffdämpfe,
- Verzicht von FCKW in Klimaanlagen, die in Kraftfahrzeugen eingebaut sind.

Durch diese Maßnahmen hat der Verordnungsgeber einen gewaltigen Schritt in die Richtung für eine Umweltverbesserung getan. Mit der Einführung der Altauto-Verordnung will man die Umweltbelastungen durch die anfallenden Altautos weiter verringern, denn mit Inkrafttreten der Verordnung können Altfahrzeuge nur dann abgemeldet – also endgültig stillgelegt – werden, wenn eine ordnungsgemäße und umweltverträgliche Verwertung nachgewiesen wird.

Als Nebeneffekt dürften dann die unzulässig und verbotenerweise in Wald und Flur abgestellten Pkw und Autowracks verschwinden. Die Städte und Gemeinden werden sich darüber freuen.

4   Notwendigkeit der Qualifikation des Sachverständigen

Nach den §§ 2 Abs. 5, 4 Abs. 2 der Verordnung über die Überlassung und umweltverträgliche Entsorgung von Altautos (Altauto-Verordnung) bedürfen die bereits genannten Verwertungsbetriebe einer Anerkennung durch Ausstellung einer Bescheinigung eines Sachverständigen.

Nach § 5 der Altauto-Verordnung dürfen solche Bescheinigungen nur von Sachverständigen ausgestellt werden, die entweder nach § 36 GewO öffentlich bestellt und vereidigt sind oder von einer Organisation zertifiziert sind, die Mitglied des Deutschen Akkreditierungsrates (DAR) ist. Eine Personenzertifizierung kann nur von einer dazu akkreditierten Organisation erteilt werden. Ebenso können Sachverständige als Angestellte einer technischen Überwachungsorganisation tätig werden, wenn diese über eine Akkreditierung eines Mitglieds des DAR verfügt.

Es ist wohl derzeit zu erwarten, daß die meisten Sachverständigen eine Personenzertifizierung nach DIN EN 45013 vorziehen werden. Das Anforderungsprofil für den Sachverständigen gemäß Altauto-Verordnung ist gleich und beinhaltet den Entwurf des Bundes-Umweltministeriums über die „Empfehlungen zur einheitlichen Durchführung von Überprüfungen durch Sachverständige im Rahmen der Altauto-Verordnung".

5   Öffentliche Bestellung oder Zertifizierung

Nachfolgend sind einige Unterschiede zwischen der öffentlichen Bestellung und der Zertifzierung aufgezeigt:

- Für die öffentliche Bestellung gibt es eine gesetzliche Grundlage, die Zertifizierung erfolgt ohne gesetzliche Grundlage nach Vertragsrecht.
- Der öffentlich bestellte und vereidigte Sachverständige leistet einen Eid zur Bekräftigung seiner Unabhängigkeit, Unparteilichkeit und Gewissenhaftigkeit. Der zertifizierte Sachverständige hat dazu keine Möglichkeit.
- Der öffentlich bestellte und vereidigte Sachverständige unterliegt der verwaltungsgerichtlichen Kontrolle, der zertifizierte Sachverständige unterwirft sich der Kontrolle durch eine Akkreditierungsgesellschaft.
- Die Zertifizierung gilt innerhalb Europas, also für den EU-Markt, die öffentliche Bestellung gibt es nur im nationalen Bereich.

Der Sachverständige hat dann die Wahl, ob er sich für die öffentliche Bestellung und Vereidigung nach § 36 GewO oder für die Personenzertifizierung entscheidet.

6   Qualifikation des Prüfingenieurs

Die persönlichen und fachlichen Voraussetzungen für die Sachverständige sind im Entwurf für die Anforderungen an Sachverständige und Sachverständigenorganisationen unter den Ziffern 5 und 6 geregelt. Danach werden an einen Sachverständigen, der im Bereich der Altauto-Verordnung tätig werden möchte, fast die gleichen Anforderungen gestellt, die der Verordnungsgeber für einen Prüfingenieur einer amtlich anerkannten Überwachungsorganisation festgelegt hat. Diese Anforderungen sind in der Anlage VIII zur StVZO unter Ziffer 7 aufgelistet.

Der Verordnungsgeber geht bei den Prüfingenieuren sogar einen Schritt weiter. Wer Prüfingenieur werden will, muß ein abgeschlossenes technisches Studium an einer Hochschule oder Fachhochschule absolviert haben. Das bedeutet, daß die Kfz-Meister in dem Bereich der amtlichen Fahrzeugüberwachung nicht tätig werden können.

Der angehende Prüfingenieur absolviert eine 160 Tage dauernde umfangreiche Ausbildung in Theorie und Praxis, bevor er die staatliche Prüfung vor einem Prüfungsausschuß ablegen kann. Die Prüfung erstreckt sich über die drei Fachgebiete:

- Bau und Betrieb von Kraftfahrzeugen und ihren Anhängern,
- Straßenverkehrsrecht sowie die Sachverständigentätigkeit berührenden Rechtsgebiete,
- Tätigkeit des Sachverständigen.

Durch diese besondere Qualifikation zeichnet sich ein Kfz-Sachverständiger, der als Prüfingenieur einer Überwachungsorganisation betraut ist, zusätzlich aus. Denn er hat durch die bestandene staatliche Prüfung seine fachliche Qualifikation nachgewiesen – was der „normale" Kfz-Sachverständige nicht kann.

Das Berufsbild des Kfz-Sachverständigen ist nicht geschützt, und es gibt für den Bereich des Kfz-Sachverständigen trotz intensiver Bemühungen verschiedener Berufsverbände keine Zugangsvoraussetzungen.

Aus diesen Gründen liegt ein deutlicher Vorteil bei den amtlich anerkannten Überwachungsorganisationen, da hier nur besonders qualifizierte Prüfingenieure eingesetzt werden.

7   Die Überwachungsorganisation KÜS

Die Kraftfahrzeug-Überwachungsorganisation freiberuflicher Kfz-Sachverständiger e.V. (KÜS) wurde 1980 von Kraftfahrzeugsachverständigen mit dem Ziel gegründet, das Monopol im Bereich der amtlichen Fahrzeuguntersuchung aufzubrechen. Die freien Kraftfahrzeugsachverständigen sollten neben den originären Tätigkeiten wie Schadenbegutachtung und Wertermittlung zusätzlich Hauptuntersuchungen nach § 29 StVZO durchführen können. Die gewünschte Liberalisierung wurde endgültig im Jahr 1989 durch eine Gesetzesänderung herbeigeführt.

Die KÜS wurde ab 1991 von allen Bundesländern als Überwachungsorganisation amtlich anerkannt. Seit dieser Zeit führen die KÜS-Prüfingenieure neben den klassischen Tätigkeiten wie Schadenbegutachtung und Unfallanalyse auch die amtlichen Fahrzeuguntersuchungen nach § 29 StVZO, die sogenannte Hauptuntersuchung, durch. Die hoheitlichen Tätigkeiten wurden vom Verordnungsgeber weiter dereguliert, so daß die KÜS-Prüfingenieure seit dem 1.1.1994 auch Ein- und Anbauabnahmen nach § 19 (3) StVZO (z.B. Anhängerkupplungen, andere Rad-Reifen-Kombinationen) durchführen können. Damit war ein weiteres Monopol der Technischen Prüfstelle gebrochen. Außerdem dürfen die Prüfingenieure die gesetzlich vorgeschrieben Abgasuntersuchungen nach § 47 a StVZO durchführen.

Die KÜS vertritt die Belange der freien Kfz-Sachverständigen in richtungsweisenden Gremien beim Kraftfahrt-Bundesamt und im Bundesverkehrsministerium. Hier werden in den verschiedenen Arbeitskreisen zukünftige Verordnungen und Richtlinien im Bereich Straßenverkehrsrecht ausgearbeitet.

Die Liberalisierung der Fahrzeugüberwachung zugunsten der freiberuflichen Kraftfahrzeugsachverständigen hat sich bewährt. Dies ist nachzulesen im Jahrbuch

der Bundesregierung 1996. Die Ministerkonferenz der Verkehrsminister der Länder hat die Deregulierung der amtlichen Fahrzeugüberwachung in den Jahren 1995
und 1996 bekräftigt. Die Liberalisierung war die notwendige Konsequenz auf die
Anforderungen der Endverbraucher, der Werkstätten und der Fahrzeughalter.
Durch die Einbeziehung der freien Kfz-Sachverständigen wurde der Wettbewerb,
die Kundenfreundlichkeit und die Flächendeckung weiter verbessert.

Bisher haben 400 KÜS-Prüfingenieure bundesweit in eigenen Prüfstellen und in
etwa 5500 Werkstätten mehr als 2 Mio. Fahrzeuguntersuchungen durchgeführt. So
konnten in den Sachverständigenbüros zusätzliche Arbeitsplätze geschaffen und
erhalten werden. Insgesamt sind über 1000 Mitarbeiterinnen und Mitarbeiter unter
dem Dach der KÜS beschäftigt.

Die Geschäftsstelle der Organisation befindet sich in Losheim am See im Saarland. Von hier aus werden die Prüfingenieure mit modernster EDV-Technik bei
der Prüftätigkeit unterstützt. Über das Internet sind z.B. alle wichtigen technischen
Informationen und Verordnungstexte „rund um die Uhr" abrufbar. Die Prüfingenieure und Kfz-Sachverständigen haben auf die interaktive Wissensdatenbank
„Heureka" ständig Zugriff. Die KÜS ist eine der ersten Überwachungsorganisationen, die über das Internet erreichbar ist.

Abschließend darf nicht unerwähnt bleiben, daß viele unserer Experten als Si-
cherheitsfachkräfte ausgebildet und in diesem Bereich tätig sind. Sie stehen Betrieben in Sicherheitsfragen hilfreich und beratend zur Seite. Für diesen Dienstlei-
stungsbereich ist die KÜS seit Anfang 1996 auch staatlich anerkannte Ausbil-
dungsstätte.

8   Die Altauto-Verordnung

Am 1. April 1998 tritt die „Verordnung über die Überlassung und umweltverträgliche Entsorgung von Altautos" – kurz Altauto-Verordnung – in Kraft. Die Verordnung regelt in die Überlassung von Altautos durch den Letztbesitzer sowie die
jeweiligen Anforderungen an die Annahmestellen und die Verwertungsbetriebe.

Nach § 3 der Altauto-Verordnung (s. Abb. 1, S. 113) ist der Besitzer eines Altautos verpflichtet, dieses Altauto entweder einem vom Hersteller oder Vertreiber
eingerichteten anerkannten Verwertungsbetrieb oder einer von diesem eingerichteten anerkannten Annahmestelle zu überlassen. Der Besitzer kann sein Altauto
aber auch einem anderen anerkannten Verwertungsbetrieb oder einer anderen
anerkannten Annahmestelle abgeben. Durch die Anerkennung ist gewährleistet,
daß der entsprechende Betrieb den Anforderungen der Altauto-Verordnung entspricht.

Wie sehen die Annahmestellen aus und wer erkennt diese an?
Diese Annahmestellen sind in der Regel Kfz-Betriebe, die Altautos vom Besitzer übernehmen und einem anerkannten Verwertungsbetrieb zuführen.

Bei diesen Annahmestellen, die Kfz-Werkstätten sind, erfolgt die Bescheinigung der Einhaltung der Anforderungen durch die jeweils zuständige Kraftfahrzeuginnung. Der Kfz-Betrieb kann dann entsprechend mit einem Hinweis auf die „anerkannte Annahmestelle für Altautos" werben.

Nach einer Statistik des ZDK gibt es derzeit fast 58 000 Betriebe im Kfz-Gewerbe, die in 266 Innungen aufgegliedert sind. Davon entfallen etwas mehr als 46 000 Betriebe im Kfz-Gewerbe auf die alten Bundesländer und etwa 11 000 Betriebe auf die neuen Bundesländer. Wieviele davon als Annahmestelle für Altautos anerkannt werden, dafür gibt es derzeit noch keine Prognosen.

In den Annahmestellen findet gemäß dem Anhang zur Altauto-Verordnung außer der Annahme und der Erfassung keine weitere Behandlung statt, insbesondere keine Trockenlegung und keine Demontage. Die Altautos werden lediglich angenommen, zwischengelagert und weitergegeben. Sämtliche Zu- und Abgänge von Altautos müssen in einem Betriebstagebuch festgehalten werden.

Das Betriebstagebuch ist auf Verlangen der überwachenden Kfz-Innung, dem Sachverständigen (gemäß § 5 Altauto-Verordnung) oder der zuständigen Behörde vorzulegen.

Die Bescheinigung gilt nach der Altauto-Verordnung für die Dauer eines Jahres. Danach müssen erneut die Anforderungen überprüft werden und eine neue Bescheinigung durch die Innung ausgestellt werden.

Welche Anforderungen werden an Verwertungsbetriebe gestellt?
Die nächste Stufe bei der Altauto-Verwertung nehmen die Verwertungsbetriebe ein. Diese Verwertungsbetriebe nehmen die Altautos an, lagern die Altautos, demontieren die Altautos, entleeren die Betriebsstoffe, lagern getrennt noch gebrauchsfähige Ersatzteile, feste Abfälle, flüssige Abfälle der Betriebsstoffe und die Restkarossen für den Abtransport zu einer Shredderanlage. Die Bereiche Trockenlegung, Demontage und Lager für Flüssigkeiten müssen so ausgelegt sein, daß eine Gefährdung der Umwelt ausgeschlossen wird. Dies wird beispielsweise durch mineralölundurchlässige und säurebeständige Betonböden gewährleistet.

Unter dem Begriff „gebrauchsfähige Ersatzteile" fallen hauptsächlich Aggregate wie Motoren und Getriebe, die in gebrauchten Fahrzeugen wieder zum Einsatz kommen können. Schon in der Vergangenheit war der Handel mit gebrauchten Fahrzeugteilen, insbesondere mit Motoren, Getrieben und Achsteilen nicht unüblich. Neuerdings sind auch die Versicherungsunternehmen an der Verwertung von

Gebrauchtteilen interessiert. Die Versicherer suchen immer stärker nach Möglichkeiten, um die Reparaturkosten bei den Haftpflichtschäden zu senken. Da im Haftpflichtschadenfall das Fahrzeug wieder in den Zustand versetzt werden soll, den es vor Eintritt des Schadenfalls hatte, sollen nach Auffassung der Versicherer ältere Fahrzeuge mit gebrauchten Ersatzteilen instandgesetzt werden, solange es sich nicht um sicherheitsrelevante Bauteile handelt.

Im Rahmen des Kreislaufwirtschafts- und Abfallgesetzes sollen folgende Bauteile, Stoffe und Materialien um Zwecke der Verwertung ausgebaut werden:

- große Kunststoffteile (Stoßfänger, Radabdeckungen, Armaturengehäuse, Türverkleidungen, Tanks aus Kunststoff),
- Räder,
- alle Scheiben,
- Sitze,
- elektrische Leitungen und Elektromotoren.

Die nicht mehr verwertbaren Abfälle sind einer gemeinwohlverträglichen Beseitigung zuzuführen. Die Betreiber von Verwertungsbetrieben müssen in einem Betriebstagebuch die Erfassung, die Trockenlegung, die Demontage, die Wiederverwendung, die stoffliche und energetische Verwertung sowie den sonstigen Verbleib der Materialien dokumentieren. Über die Anzahl der Verwertungsbetriebe, die bisher existieren oder in den nächsten Monaten entstehen werden, gibt es keine genauen Angaben.

Die Shredderbetriebe
Das letzte Glied in der Kette der Altautoverwertung ist die Shredderanlage. Nach der Verordnung ist die „Anlage so zu errichten, zu betreiben und zu unterhalten, daß die Anforderungen an die ordnungsgemäße und schadlose Verwertung sowie die gemeinwohlverträgliche Beseitigung von Abfällen eingehalten werden". Auch bei dem Shredderbetrieb sind wieder die Vorgänge wie der Eingang der Restkarossen und der Verbleib des Restmaterials in einem Betriebstagebuch zu dokumentieren. Verwertungsbetriebe und Shredderbetriebe müssen wie die Annahmestellen dann im jährlichen Rhythmus durch den Sachverständigen wieder überprüft werden. Die neue Bescheinigung gilt dann wieder für die Dauer eines Jahres.

9   Der Sachverständige

Nach der Altauto-Verordnung dürfen die Bescheinigungen für Annahmestellen, Verwertungsbetrieben und Shredderanlagen nur von Sachverständigen erteilt werden, die dafür entweder öffentlich bestellt oder zertifiziert sind.

Kann nun ein Kfz-Sachverständiger bzw. ein qualifizierter Prüfingenieur auch Sachverständiger nach § 5 Altauto-Verordnung werden? Zu dieser Frage wurden die Unterlagen von der IfS–Zertifizierungsgesellschaft für Sachverständige mbH mit Sitz in Köln und der IHK Saarland mit Sitz in Saarbrücken angefordert.

Die Anforderungen sowohl beim IfS als auch bei der IHK sind sehr eng an den Entwurf des Bundesministeriums für Umwelt, Naturschutz und Reaktorsicherheit angelehnt. Nach wie vor handelt es sich dabei jedoch nur um einen Entwurf, der nicht verabschiedet ist und keine Rechtsgrundlage darstellt. Dies wurde auf Rückfrage beim Umweltministerium bestätigt.

In dem vorliegenden Entwurf vom 20.08.1997 gibt das Bundesministerium für Umwelt, Naturschutz und Reaktorsicherheit im Einvernehmen mit dem Bundesministerium für Wirtschaft und der Länderarbeitsgemeinschaft Abfall Empfehlungen zur einheitlichen Durchführung von Überprüfungen durch Sachverständige im Rahmen der Altauto-Verordnung bekannt.

In dem Entwurf werden auch die Anforderungen an die Qualifikation des Sachverständigen genannt:

- persönliche Voraussetzungen,
- fachliche Voraussetzungen,
- berufliche Voraussetzungen.

Bei den beruflichen Anforderungen sieht der Entwurf neben einem abgeschlossenen technischen Studium bzw. technischer Fachschulausbildung oder der Qualifikation als Kfz-Meister einen Nachweis über eine eigenverantwortliche Tätigkeit in Altautoverwertungs- oder Metallaufbereitungsanlagen bzw. in Anlagen, die hinsichtlich der technischen und organisatorischen Abläufe vergleichbare Tätigkeiten durchführen, vor. Eine zeitliche Mindestvorgabe besteht nicht.

Die KÜS kann diese Anforderungen in der Form nicht akzeptieren. Nach Auffassung der IHK Saarbrücken kann kein qualifizierter Prüfingenieur und Kfz-Sachverständiger zur Eignungsprüfung zugelassen werden. Als Begründung wird die fehlende mindestens 2jährige eigenverantwortliche Tätigkeit in Altautoverwertungs- oder Metallaufarbeitungsanlagen genannt, die der Prüfingenieur nicht nachweisen kann.

Dadurch wird einer ganzen Berufssparte, die von der Ausbildung und den Fachkenntnissen her geeignet ist, generell der Zutritt zu dieser Tätigkeit verweigert. Die Vorgaben von IHK und IfS lassen auch keinerlei Spielraum zu.

Die Prüfung selbst nach überstandener Zulassung wird vor einer gemeinsamen Kommission von IfS und IHK durchgeführt. Nach Aussage der IHK Saarbrücken hat man bundesweit die IHK Köln mit der Prüfung der Sachverständigen nach der

Altauto-Verordnung beauftragt. Die Prüfungskommission selbst ist beim IfS angesiedelt. Also die Sachverständigen, die über die IHK den Antrag auf öffentliche Bestellung stellen, werden vom IfS bzw. dem dortigen Prüfungsausschuß mitgeprüft.

In der Behandlung von Kfz-Sachverständigen, die sich zusätzlich als Prüfingenieur qualifiziert haben und sogar „staatsentlastende Tätigkeiten" ausüben, sieht die KÜS eine klare Benachteiligung. Die KÜS ist der Auffassung, daß der Prüfingenieur, der sich mit seiner Qualifikation von anderen Kfz-Sachverständigen deutlich abhebt, trotz der ablehnenden Haltung der IHKs bzw. des IfS die Möglichkeit gegeben werden sollte, die Voraussetzungen zu erfüllen, wenn er eine entsprechende Sachkunde und praktische Erfahrungen auf dem Gebiet der Entsorgung nachweisen kann, jedoch nicht in dem hier geforderten Ausmaß.

10   Zusammenfassung

Zwangsläufig ergeben sich aus dieser Umweltpolitik auch Forderungen an die Fahrzeughersteller. Die Hersteller sind aufgerufen, die Fahrzeuge für die Zukunft entsprechend „recyclingfreundlicher" zu produzieren. Dies muß dazu führen, daß die Altfahrzeuge in den Verwertungsbetrieben einfacher zerlegt werden können. Die Hersteller sollten auch in verstärktem Maße dazu übergehen, „neue Materialien" zu verbauen. Einige Hersteller verwenden bereits natürliche Rohstoffe wie Kokosfasern, Flachs und Hanf. Heute werden daraus schon Ablagen, Türverkleidungen sowie Armaturenträger gefertigt. Diese natürlichen Stoffe sollten zukünftig in Kraftfahrzeugen vermehrt zum Einsatz kommen.

Die Anzahl der im Verkehr befindlichen Fahrzeuge, vor allem die Personenkraftwagen und die zu dieser Kategorie zählenden Pkw-Kombis, steigt in den nächsten Jahren weiter an. Dabei zeichnet sich eine Umschichtung bei den Neuzulassungen dahingehend ab, daß der Neubedarf stetig abnehmen und der Ersatzbedarf in gleichem Maße ansteigen wird. Das bedeutet, daß in den kommenden Jahren die Anzahl der Fahrzeuge, die als „Altauto" nicht mehr gebraucht werden, von jetzt jährlich rund 2,5 Mio. auch ansteigen wird.

Mit der Verabschiedung der Altauto-Verordnung hat der Gesetzgeber die Grundlage geschaffen, diese Altautos ordnungsgemäß und umweltverträglich zu verwerten und die dabei anfallenden Abfälle schadlos zu entsorgen (s. Abb. 1). Die Anforderungen an die Betriebe, die Altautos annehmen, an die Verwertungsbetriebe und an die Shredderbetriebe sind klar geregelt.

Zukünftig kommt der Überprüfung dieser anerkannten Verwertungsbetriebe und der anerkannten Shredderbetriebe eine bedeutende Rolle zu. Es muß sichergestellt sein, daß die Verwertungs- und Shredderbetriebe nicht nur die Anforderungen zur Anerkennung erfüllen, sondern im Sinne der Umwelt die Altautos auch danach behandeln und verwerten. Es ist schließlich nicht im Sinne des Gesetzgebers, Verordnungen zu erlassen, die nachher nicht in vollem Umfang umgesetzt werden.

Abschließend sei nochmals betont, daß die KÜS sich dafür einsetzen wird, damit auch den KÜS-Prüfingenieuren, die alle eine besondere Qualifikation im Bereich der amtlichen Fahrzeugüberwachung besitzen, die Möglichkeit gegeben wird, im Bereich der Altauto-Verordnung Betriebe zu überprüfen.

Gerade diese qualifizierten Prüfingenieure verfügen nicht nur über eine solche fachliche Ausbildung, sondern auch durch ihre tägliche Prüftätigkeit an Fahrzeugen über umfangreiche praktische Kenntnisse.

Die KÜS-Prüfingenieure führen objektive Prüfungen im Bereich der amtlichen Fahrzeuguntersuchungen durch. Sie stehen unter der Kontrolle der Überwachungsorganisation KÜS mit ihrer Qualitätssicherung. Die Prüfingenieure könnten durch eine Zusatzausbildung im Bereich der Altauto-Verordnung weiter qualifizieren und auf dem Gebiet ebenfalls objektive Prüfungen durchführen.

Die KÜS ist als Organisation bundesweit tätig, und so könnte die KÜS eine bundesweite Zusammenarbeit mit den entsprechenden Betrieben anbieten.

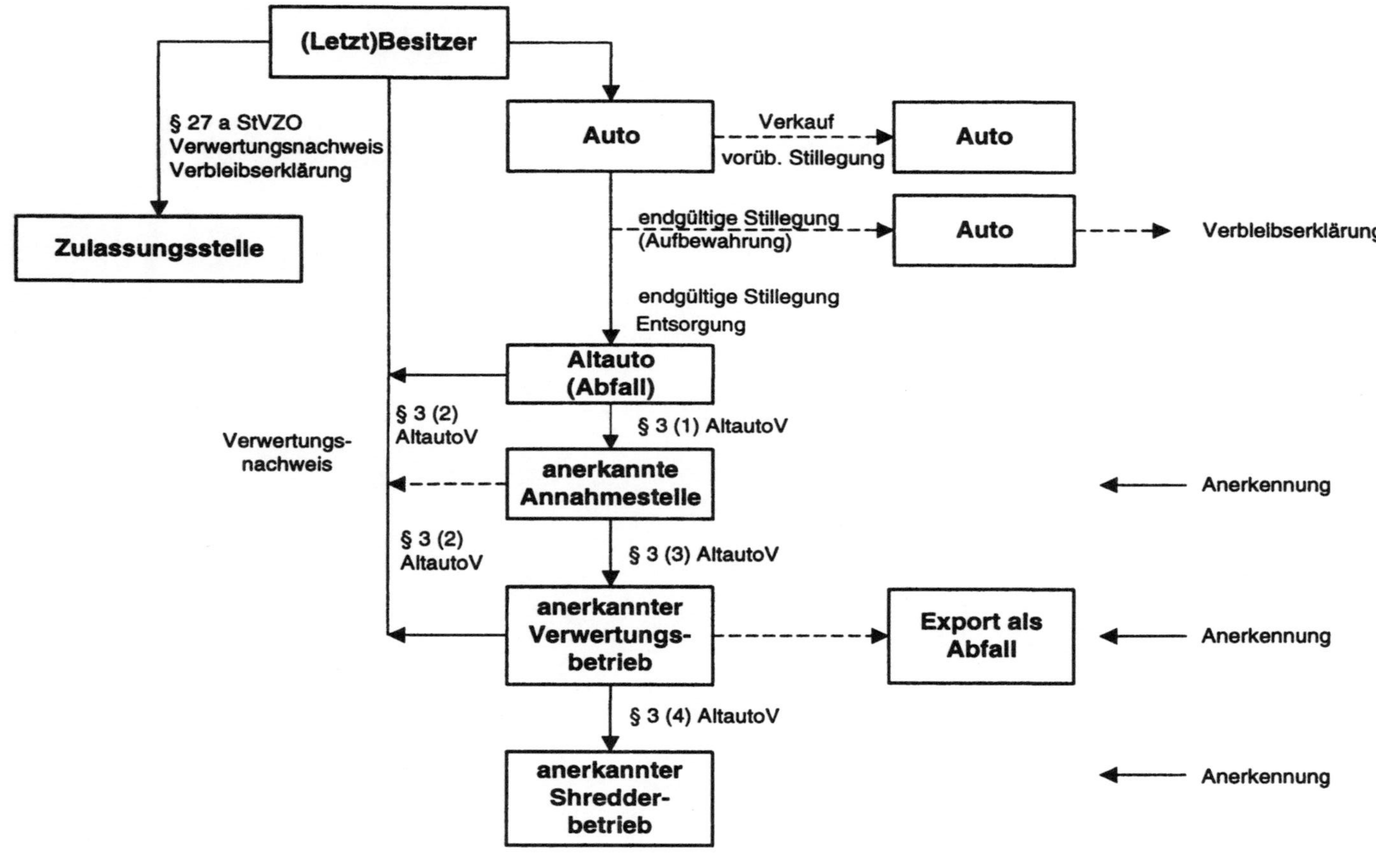

Abb. 1. Zusammenfassung – schematisch

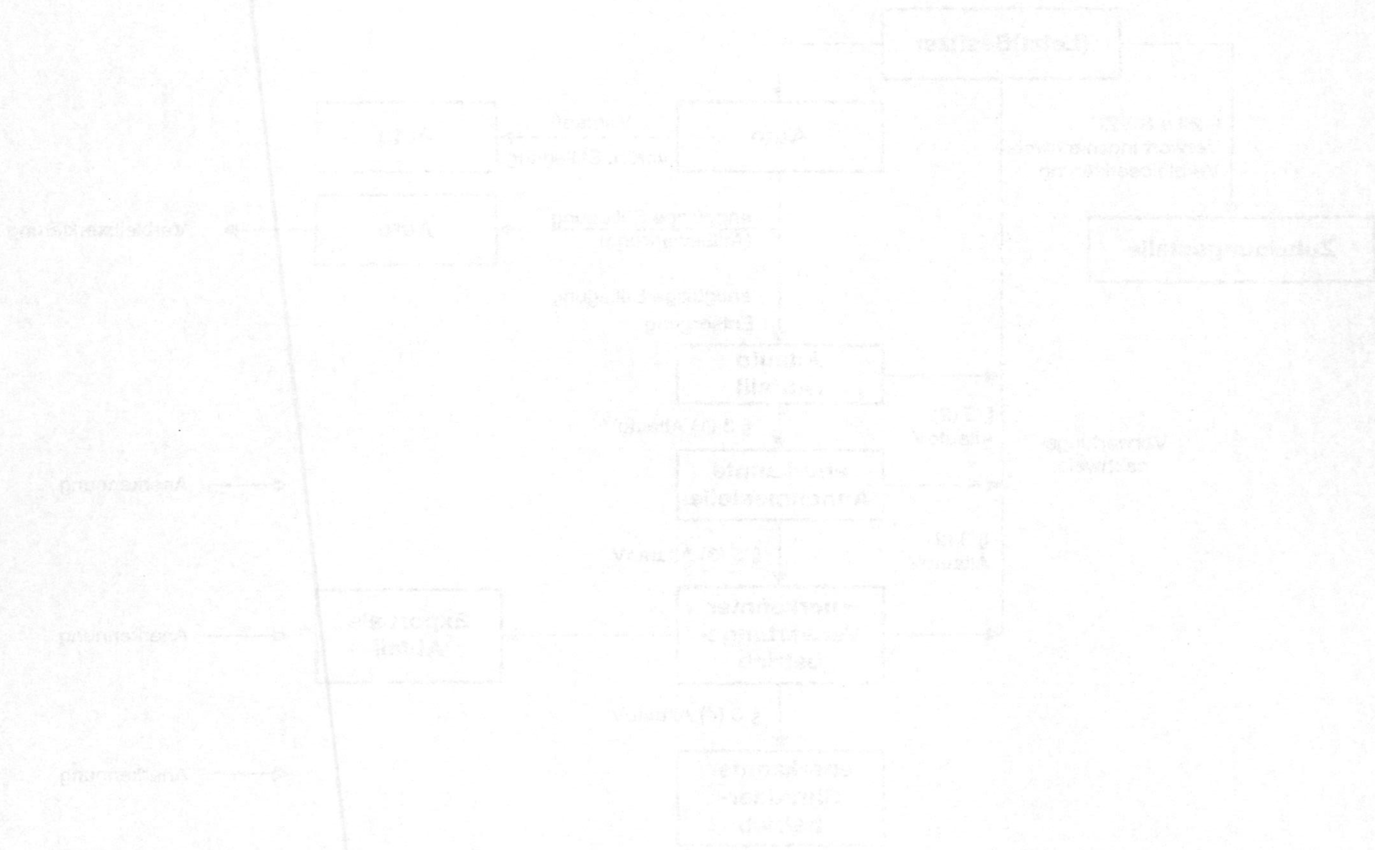

Mechanische Verarbeitung und Bemusterung von Metallträger-Automobilkatalysatoren

Clemens Hensel

1 Geschichte und technische Lösungen

Bereits in den 60er Jahren wurden erste Versuche zur Reduktion der Schadstoffe in Automobilabgasen mit Hilfe von Katalysatoren durchgeführt. Dies führte zum ersten Einsatz in den USA in den 70er Jahren. Nachdem zunächst die Oxidation von Kohlenmonoxid (CO) und Kohlenwasserstoff (HC) im Vordergrund standen, werden in heutigen sogenannten 3-Wege-Katalysatoren auch die Stickoxide (NO_x) reduziert.

Die chemische Reaktion wird in einem stöchiometrischen Gleichgewicht ($\lambda = 1$) durch die Edelmetalle Platin, Rhodium und Palladium hervorgerufen. Durch das chemische Gleichgewicht wird erreicht, daß bei den Reduktionsvorgängen exakt so viel Sauerstoff freigesetzt wird, wie zur Oxidation benötigt wird. Der Katalysator ist daher – gemäß seinem Namen – kein Sammler (Filter) von Abgasen, sondern ein Umwandler.

Damit die Abgase, die mit hoher Geschwindigkeit durch den Abgasstrang geleitet werden, überhaupt zu den chemischen Reaktionen angeregt werden können, bedarf es einer großen reaktiven Oberfläche der Katalysatoren. Dies wird zunächst durch die Trägerstruktur und dann über oberflächenvergrößernde Zwischenschichten (Wash-Coat) erreicht (Die Oberfläche eines mittleren Trägers beträgt heute ca. 3 m^2 bei 1 L Volumen und wird durch den Wash-Coat auf 21 000 m^2 erhöht.)

Erste Katalysatoren für Kraftfahrzeuge wurden aus beschichtetem Schüttgut (Pellets) hergestellt. Die Relativbewegungen der Teile zueinander führte jedoch zu Abrieb. Keramische Monolithe verdrängten diese daher nahezu vollständig. Heute werden in zunehmendem Maße metallische Träger eingesetzt. Diese besitzen technologische Vorteile, die jedoch bisher u.a. mit einem schwierigeren Recycling erkauft wurden. Mit dem hier vorgestellten Verfahren sind diese Probleme überwunden.

2   Aufbau eines Keramik-Monolithkatalysators

Der keramische Träger (Monolith) weist eine Wabenstruktur auf. Durch die mit
der Zwischenschicht (Wash-Coat) beschichteten Kanäle strömt das Abgas, wo es
auf die Edelmetalle trifft. Der Monolith ist in eine Dämmung eingebettet. Sie dient
einerseits der Wärmeisolierung, vielmehr jedoch dem mechanischen Schutz. Die
Stahlhülle ist – ähnlich einem Auspufftopf – die äußere „Verpackung" des Katalysators (Abb. 1).

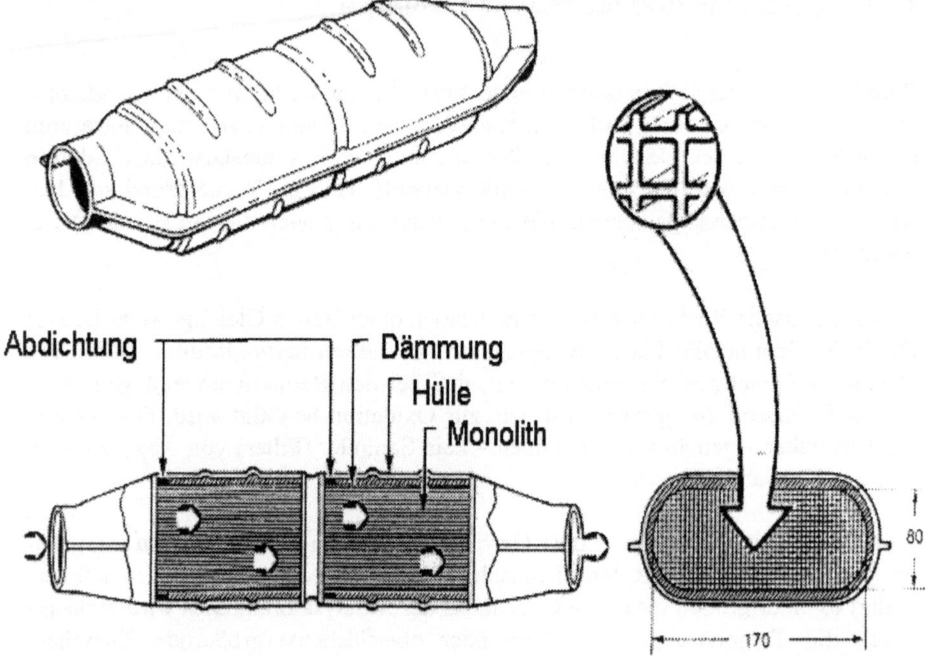

Abb. 1. Aufbau eines Keramik-Monolithkatalysators

3   Aufbau eines Metallträger-Automobilkatalysators

Kanäle für den Abgasstrom werden bei metallischen Trägern aufgebaut, indem
glatte und gewellte Metallfolien abwechselnd aufeinander gepackt und dann gerollt
oder gewickelt werden. Der hohen Wärmeausdehnung des Stahls wird durch besondere S-Wicklungen begegnet. Auch hier wird zur Oberflächenvergrößerung ein
Wash-Coat aufgebracht. Da die Metallfolien mit dem Hüllrohr unmittelbar verlötet
werden können, sind weitere Dämmungen und Hüllen nicht mehr erforderlich
(Abb. 2).

Abb. 2. Aufbau eines Metallträger-Katalysators

4   Vergleich keramische/metallische Katalysatoren (s. Tabelle 1)

4.1   Größe/Volumen

Die Wandstärke der Keramik beträgt ca. 0,15 mm, während die Metallfolien lediglich eine Dicke von 0,05 mm aufweisen. Bei gleichem freien Querschnitt können metallische Träger daher kleiner ausgeführt werden.

4.2   Temperaturbeständigkeit

Als thermischer Isolator sind Keramiken gegen plötzliche bzw. lokale Temperaturschwankungen sehr empfindlich. Dahingegen können die Stahlfolien solche Spitzen hervorragend ableiten.

Tabelle 1. Vergleich keramische Kats (KK) – Metallträger-Kats (MK)

Recycling	KK	MK
A. Stahlhülle	2900 kg	1300 kg
B. Hitzeschutz	1000 kg	800 kg
C. Träger	900 kg	1300 kg
D. Wash-Coat	160 kg	150 kg
E. Edelmetalle	5 kg	5 kg
Gesamtgewicht	4965 kg	3555 kg
Gewicht zur Raffination	1065 kg (C, D, E)	155 kg (D, E)
Anreicherungsfaktor	4,6	23
Kosten (vom Wert)	~ 50%	~ 55%

4.3   Mechanische Stabilität

Wegen der Bruchgefahr der Keramik müssen erhebliche Vorkehrungen bei der Lagerung getroffen werden. Das Schwingungsverhalten von Stahlfolie läßt dagegen den Einsatz selbst in hochtourigen und Hochleistungsaggregaten zu.

4.4   Aufheizungseigenschaften

Die geringere Masse der Metallfolie verbunden mit der höheren Wärmeleitfähigkeit läßt metallische Katalysatoren schneller aufheizen und die benötigte Betriebstemperatur für die Umwandlungsreaktion früher erreichen.

4.5   Druckverlust

Der Druckverlust steht in unmittelbarem Zusammenhang zu Größe/Volumen. Wegen der geringen Wandstärke der Metallkats kann bei gleicher Baugröße ein größerer freier Querschnitt und damit ein geringer Druckverlust erreicht werden.

4.6   Elektrische Beheizbarkeit

Neben der Aufheizung des Katalysators durch die Abgase spielt eine zusätzliche Beheizung für noch früheres Ansprechen zunehmend eine Rolle. Als elektrisch leitfähiges Material ist der metallische Träger deutlich im Vorteil gegenüber der Keramik.

4.7   PGM-Beladung

Keine der beiden Techniken kann Vorteile bezüglich der Beladung von Edelmetallen verbuchen. Die Edelmetallmenge wird zunächst von den chemischen Bedingungen determiniert.

4.8   Produktionskosten

Kosten können per se nicht als Vorteil gewertet werden, jedoch kann der keramische Katalysator als Bauteil günstiger hergestellt werden. Wenn aber das gesamte Abgasreinigungssystem von vornherein bei der Planung auf metallischen Träger unter Nutzung seiner Vorteile ausgelegt wird, sind die Kostenvorteile des keramischen Katalysators vernachlässigbar.

4.9   Zerlegung

Da die Edelmetalle ja im Katalysator „versteckt" sind, bietet sich als erster technischer Schritt des Recyclings eine Zerlegung an. Der keramische Monolith ist in die Einbettung lediglich eingelegt und kann wesentlich einfacher von der Hülle getrennt werden als ein Metallträger.

4.10   Bemusterung

Ganz entscheidend zur Wertermittlung von Recyclingpartien ist die sogenannte Bemusterung, also die statistisch einwandfreie Probenahme zur Gewinnung eines Analysemusters, das schließlich auf den Edelmetallgehalt hin analysiert wird. Dieses Ergebnis ist dann Basis für die Abrechnung mit dem Lieferanten. Die durch die Zerlegung gewonnene Keramik läßt sich leicht zu einem homogenen Pulver vermahlen, welches gut weiterbemustert werden kann. Metallträgerkatalysatoren müssen bisher als Ganzes zur Bemusterung eingeschmolzen werden. Dafür benötigt man unweigerlich eine große Anzahl oder die Probe ist wenig repräsentativ.

4.11   Kosten des Recyclings

Wegen des größeren Aufwandes bei der Verarbeitung sind die Recyclingkosten bei Metallkatalysatoren bisher höher als bei keramischen.

Sieht man die Vor- und Nachteile der beiden Techniken im Vergleich, so erkennt man, daß die Vorteile des Metallträgers in der technischen Anwendung deutlich überwiegen. Dagegen ist bisher das Recycling, begonnen mit Zerlegung und Bemusterung, weniger positiv zu bewerten. Mit diesen Nachteilen räumt der im folgenden beschriebene Prozeß weitgehend auf.

5   Der Separationsprozeß

5.1   Allgemeines/Patent

Im Vordergrund der Entwicklung stand der Versuch, ein sinnvolles Bemusterungsverfahren für Metallkatalysatoren zu finden. Die Schmelze von wenigen ganzen Bauteilen ist aufwendig und bei weitem nicht ausreichend repräsentativ. Es lag daher nahe, die kompletten Bauteile zu einer „homogenen Masse" zu verarbeiten – und zwar mechanisch anstelle von pyrometallurgisch. Aus einer zu produzierenden „homogenen Masse", so war der Ansatz, könnte dann eine Probe gezogen werden.

Die ersten Versuche jedoch zeigten ein erschreckendes Ergebnis: Bei der Zerkleinerung entstand ein edelmetallreicher Feinstaub, der verloren zu gehen drohte, wenn keine aufwendige Stauberfassung eingesetzt wurde. Dieser kontraproduktive Effekt hätte beinahe zur Einstellung der Versuche geführt, wenn nicht der Versuch unternommen worden wäre, gerade diesen als gezielte Trennung zu nutzen. So war die Idee geboren, keine einheitliche „homogene Masse" mehr herzustellen, sondern durch gezielte Separation den edelmetallhaltigen Staub vom restlichen Material abzutrennen. Weitere Versuche zeigten dann, daß dies tatsächlich möglich ist. Das inzwischen weltweit patentierte Verfahren führt zur Gewinnung des Wash-Coats mit den Edelmetallen einerseits und Stahlfraktionen andererseits.

5.2   Das Fließdiagramm

In einem ersten Schritt werden die Katalysatoren zu einer definierten Teilegröße zerkleinert. Bereits hier kann ein großer Teil des Wash-Coats durch Lufttrennung erfaßt und gesammelt werden. Die verbleibende metallische Fraktion kann in den meisten Fällen (abhängig von den verwendeten Materialien) magnetisch separiert werden. Der oft austenitische (nicht magnetische) Hüllwerkstoff wird dann nicht weiterverarbeitet. Reste von Edelmetallen in der Trägerfolie werden in einer zweiten Verarbeitungsstufe durch eine mechanische Separationseinheit (Hammermühle mit Windsichtung) von den Stahlteilen abgetrennt.

Sämtliche Teilfraktionen des Wash-Coat werden zusammengeführt und der Homogenisierung und Bemusterung zugeführt. Trägerfolie und Hüllwerkstoff können wieder in Stahlschmelzen eingesetzt werden (Abb. 3).

5.3   Fraktionen nach der Separation

Nach der Separation liegen die Fraktionen Wash-Coat mit Edelmetallen, Trägerfolie und Hüllwerkstoff für eine individuelle Weiterverarbeitung vor (Abb. 4).

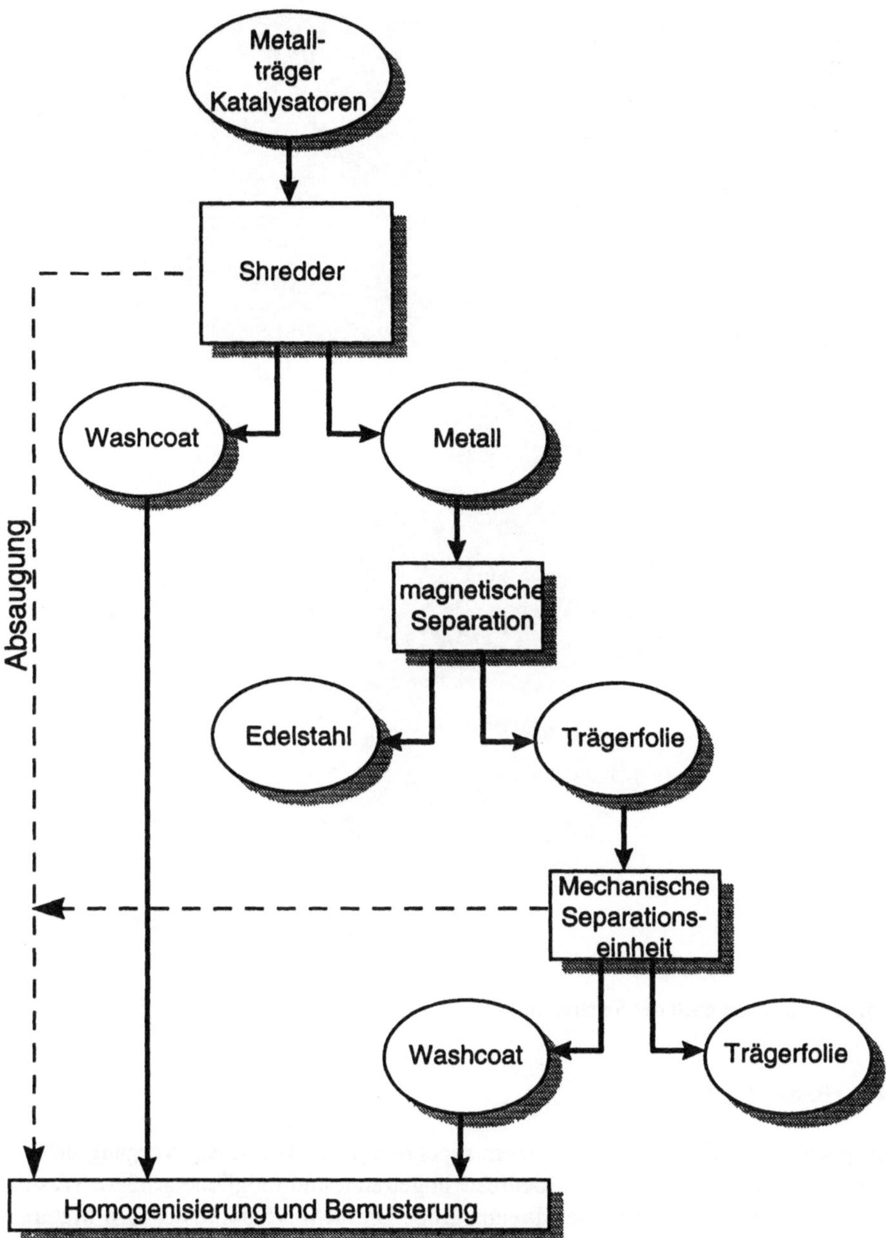

Abb. 3. Der Separationsprozeß für Metallträger-Katalysatoren

Abb. 4. Fraktionen nach der Separation

5.4   Bemusterung

Der gewonnene Wash-Coat wird einem synchronen Mahl- und Siebvorgang unterzogen. So können verbleibende Stahlreste abgetrennt und mögliche größere Wash-
Coat-Teile auf eine einheitliche Maximalgröße gebracht werden. Aus dem Materi-
alstrom des Mahlgutes wird kontinuierlich eine Probe gezogen. Wir verwenden
dabei Drehrohrteiler, bei denen eine statistisch einwandfreie Probenahme gewährleistet ist und die Probengröße variabel ist. Die so produzierte Probe wird zur
Feuchtebestimmung einem Trocknungsprozeß unterzogen. Da der Wash-Coat ein
keramisches Material ist, liegt eine geringe Feuchte immer vor; bei ungünstiger
Lagerung der Katalysatoren kann diese auch über 3 % des Gewichts betragen.

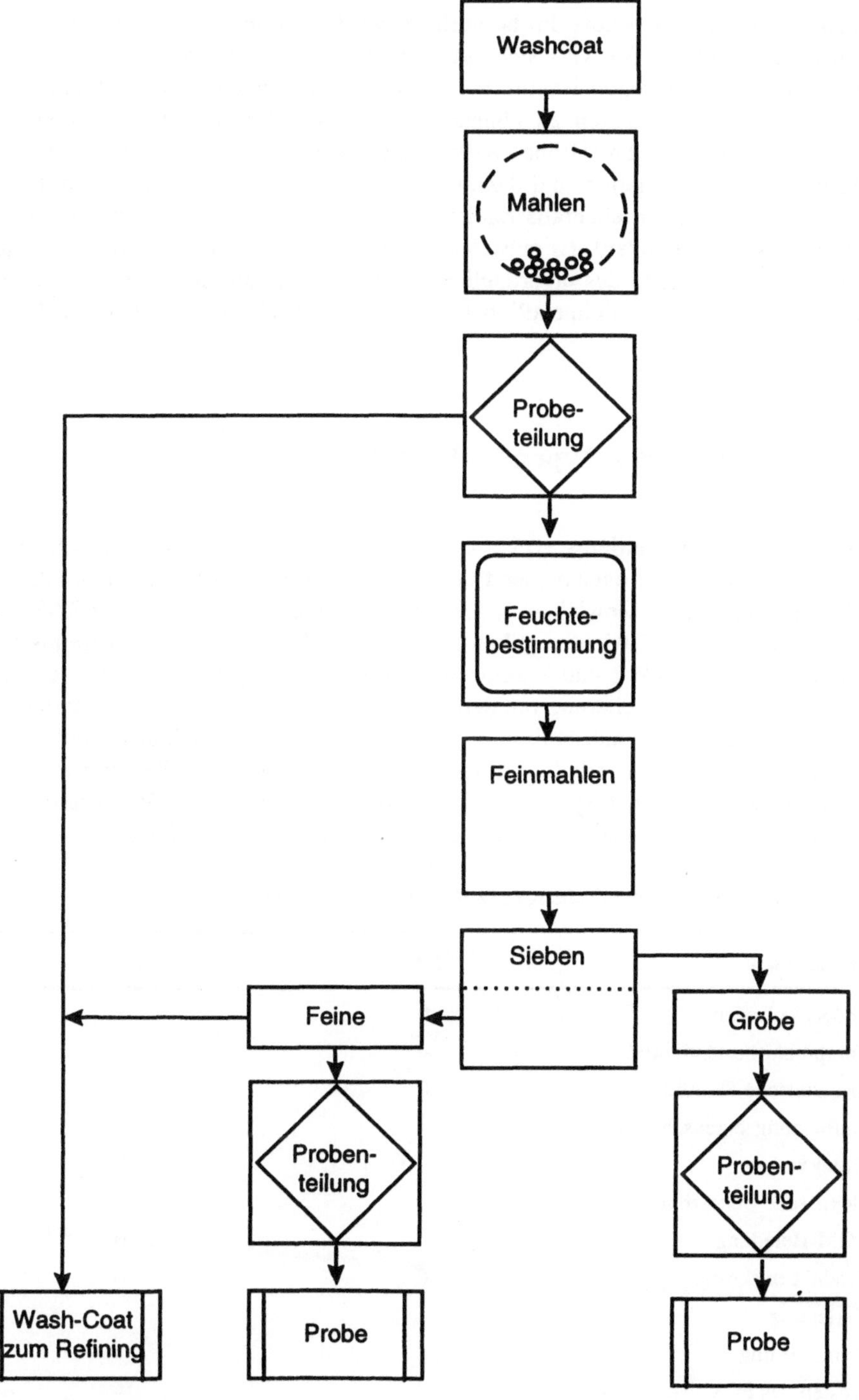

Abb. 5. Bemusterung

Nachdem nun eine trockene Probe vorliegt, wird diese in einem nächsten Schritt weiter aufgemahlen. So wird sichergestellt, daß die Anzahl der Partikel in der Probe wieder groß genug ist, um bei weiteren Teilungsschritten weiterhin statistisch einwandfrei arbeiten zu können. Sofern nach dem Feinmahlen mögliche große Partikel vorliegen (Gröbe) werden diese in einer Siebung von der „Feine" getrennt. Gröbe und Feine sind dann in sich wieder homogene Teilproben. Beide (in der Gröbe können ebenfalls Edelmetalle nachgewiesen werden) werden dann zur Analysenprobe geteilt. Es entstehen jeweils nur Proben von ca. 100 g, die als repräsentatives Abbild des ursprünglichen Wash-Coats analysiert werden können. Aus den analysierten Edelmetallinhalten wird der Gehalt der verarbeiteten Partie berechnet (Abb. 5).

6   Vergleich der Typen im Recycling

Unterstellt man ein mittleres, typisches Abgasreinigungssystem für einen 1,8-Liter-Motor, so erhält man entsprechend dem unterschiedlichen Aufbau einen keramischen Kat mit einem Gewicht von 4,965 kg und einen metallischen mit 3,555 kg. Von diesen Gesamtgewichten gehen zur Edelmetallraffination beim keramischen Kat Träger, Wash-Coat und Edelmetalle mit einem Gewicht von 1,065 kg. Dies entspricht einer Anreicherung um den Faktor 4,6, der lediglich aus der Zerlegung resultiert. Nach dem mechanischen Trennverfahren für Metallkats werden nur Wash-Coat und Edelmetalle (0,155 kg) zur Raffination gegeben. Der hier erreichte Anreicherungsfaktor beträgt somit 23. Der größere Aufwand der Vorverarbeitung wird also mit einem wesentlich geringeren bei der Raffination belohnt.

Tabelle 2. Vergleich keramische Kats (KK) – metallische Kats (MK)

Technologie	KK	MK
Größe/Volumen	0	+
Temperaturbeständigkeit	–	++
mechanische Stabilität	0	+
Aufheizungseigenschaften	–	+
Druckverlust	–	0
elektrische Beheizbarkeit	–	+
PGM-Beladung	0	0
Produktionskosten	0	–
Zerlegung	+	–
Bemusterung	+	–
Kosten des PGM-Recycling	0	–

Bei heutigen Edelmetallpreisen verzehrt in einer Gesamtbetrachtung (von der Sammlung einzelner Katalysatoren bis zur Vermarktung der Edelmetalle) des Recyclings eines keramischen Katalysators etwa 50% des Wertes; für metallische Kats muß derzeit noch unwesentlich mehr, nämlich ca. 55% des Wertes, aufgewendet werden (Tabelle 2).

7   Zusammenfassung

Alternativen

Anstelle der mechanischen Vorverarbeitung können die metallischen Katalysatoren auch im Ganzen geschmolzen, also pyrometallurgisch verarbeitet werden. Neben dem besonders großen energetischen Schmelzaufwand, der die Ersparnis der Vorverarbeitung mehr als aufwiegt, entfallen die weiteren Vorteile der Vorverarbeitung, nämlich Bemusterungsfähigkeit und die Rückgewinnung der Stähle.

Bemusterung

Das ursprüngliche Entwicklungsziel der Bemusterungsfähigkeit des Materials wurde trotz der Neuausrichtung der Entwicklung erreicht. Das gewonnene Wash-Coat-Pulver ist ideal zu bemustern, da es eine gewöhnliche Keramik ist.

Stahlrecycling

Im Gegensatz zum Schmelzverfahren können durch die mechanische Separation auch die Stahlfraktionen einer Wiederverwertung zugeführt werden. Dies ist nicht nur ökonomisch, sondern insbesondere auch ökologisch sinnvoll.

Kosten

Wenn auch mit der mechanischen Vorverarbeitung die Gesamtkosten des Recyclings von Metallkats noch etwas höher sind als die der Keramikkats, so sind doch große Fortschritte erreicht worden. Mit weiter steigenden Mengen könnten möglicherweise auch noch Kostensenkungen erreicht werden.

Als Fazit läßt sich festhalten, daß mit der mechanischen Vorverarbeitung von Autokatalysatoren mit metallischem Träger ein weiterer ökonomischer und ökologischer Schritt unternommen wurde, der einen kleinen Beitrag dazu leistet, Automobile besser recyceln zu können.

- unverzichtbar für mehr als 75 Prozent der Entscheider

- Mehr als 10 Prozent Abonnenten-Zuwachs zwischen November 1996 und November 1997

- zwei starke Ausgaben im Monat

 ivw geprüft

Chefredaktion:
Dr. Erich Schweiger
Tel.: (0 89) 8 98 17 - 1 55

Anzeigenverkauf (verantw.)
Christa Manghard
Tel.: (0 89) 8 98 17 - 1 54
Fax: (0 89) 8 98 17 - 1 11

Anschrift
Recycling magazin
Hans-Cornelius-Str. 4
D-82166 Gräfelfing

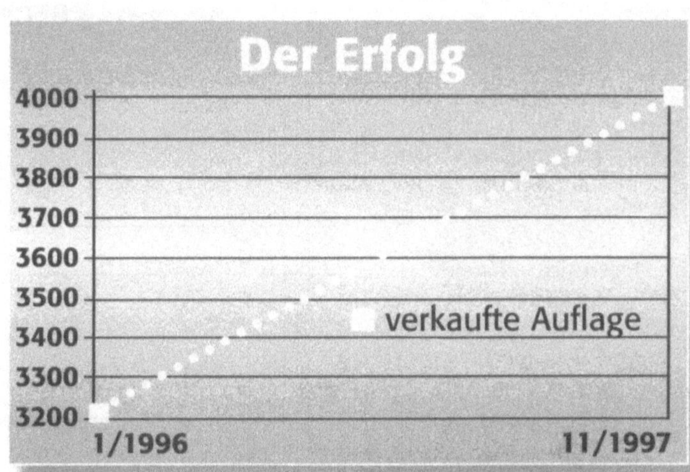

Was wirklich wichtig ist, sagt

DER **UMWELT** BEAUFTRAGTE

Organ für Kreislauf-, Rückstands- und Abfallwirtschaft sowie Gewässer- und Immissionsschutz.

In der Flut neuer Gesetze, Verordnungen, Untergesetzlicher Regelwerke, Gerichtsentscheide, Publikationen und Kommentare darf man den Überblick nicht verlieren.
Deswegen bringt DER UMWELT BEAUFTRAGTE Ihr Wissen Monat für Monat auf den neuesten Stand – eine wichtige Voraussetzung, um die Umweltschutzaufgaben in Ihrem Betrieb sicher zu erfüllen.
DER UMWELT BEAUFTRAGTE – unverzichtbar für jeden Beauftragten in der Kreislauf-, Rückstands- und Abfallwirtschaft sowie im Gewässer- und Immissionsschutz.
So wissen Sie immer, worauf es ankommt.
Wir schicken Ihnen gerne ein kostenloses Exemplar von DER UMWELT BEAUFTRAGTE zu.

K.O. Storck Verlag
Striepenweg 31 · D-21147 Hamburg · Tel. (040) 797 13 160/1 · Fax (040) 797 13 101
Non-Stop-Bestell-Service
eMail: vertrieb@storck-verlag.de oder http://www.storck-verlag.de

B 4723
März 1998, 15. Jahrgang

Sekundär-Rohstoffe

Fachzeitschrift für Rohstoffhandel, Kreislaufwirtschaft und Recyclingtechnik

Umweltmarkt USA
– Teil 2 –

Recycling-Netzwerk für die Altauto-Verwerter

03/98

Firmenprofil

UIO UMWELTINSTITUT OFFENBACH GmbH

Nordring 82 B, 63067 Offenbach a.M.
Tel.: 069-810679; Fax: 069-823493

Geschäftsführer: Dr. Lutz Schimmelpfeng
                  Herbert Pfaff-Schley
Gründung: 1988
Rechtsform: GmbH
Registergericht: Offenbach a.M., HRB 7165
Mitarbeiter: 20

Das Umweltinstitut Offenbach arbeitet mit zwei unternehmerischen Schwerpunkten: Zum einen werden Dienstleistungen in den Bereichen Erfassung, Darstellung und Untersuchung von Umweltauswirkungen angeboten. Zum anderen werden regelmäßig Fachtagungen und Seminare zu aktuellen Umweltthemen durchgeführt.

DIENSTLEISTUNGSBEREICH

Bereich Altlasten

Erfassung, Erkundung und Untersuchung von altlastenverdächtigen Flächen

Durchführung von Rammkernsondierungen

Messungen, Probenahmen, Analysen

Bereich Umweltverträglichkeitsprüfungen

Anlagen- und Planungs-UVP

Festlegung des Untersuchungsrahmens

Durchführung von Umweltverträglichkeitsuntersuchungen

Behördenmanagement

Öffentlichkeitsarbeit, Mediationsverfahren

Bereich Standortplanung

Standortsuche, Standortbewertung

Stellungnahmen zu bestehenden Planungen

Bereich Messungen

Raumluftmessungen, Faserbestimmungen

Lärmmessungen, Emissionsmessungen

Bereich Umwelt-Audit

Praktische Unterstützung bei der Durchführung von Öko-Audits

Umsetzung des Umweltmanagementsystems im Unternehmen

Bereich EDV

ALADIN Geographisches *Alt*lasten-*D*okumentations-und *In*formationssystem

ÖKO-AUDITOR Software zur Durchführung von Öko-Audits nach der EG-Öko-Audit-Verordnung

FORTBILDUNGSBEREICH

Umweltbetriebsprüfer und Umweltgutachter
Modular aufgebautes Fortbildungskonzept nach der EG-Öko-Audit-Verordnung

Einwöchige Seminare:

Betriebsbeauftragte/r für Abfall

Betriebsbeauftragte/r für Gewässerschutz

Betriebsbeauftragte/r für Immissionsschutz

Beauftragte/r für die Bearbeitung von Altlasten

Beauftragte/r für die Umweltverträglichkeitsprüfung

Zweitägige Fachtagungen zu den Themen:

Altlasten

Rüstungsaltlasten

Grundwasserschadensfälle

Wasser/Abwasser

Umweltverträglichkeitsprüfung

Umwelt-Audit

Abfallwirtschaft

Inhouse-Schulungen

Umweltschutz, Umweltmanagement

Firmen- und branchenspezifische Umweltberatung

Umweltbetriebsprüfer / Umweltgutachter
Fortbildungskonzept
nach EG-Öko-Audit-Verordnung

UMWELTINSTITUT
OFFENBACH GmbH
Nordring 82 B
63067 Offenbach am Main
Telefon: (069) 81 06 79
Telefax: (069) 82 34 93

Seit April 1995 gilt europaweit die EG-Öko-Audit-Verordnung. Sie betont die Eigenverantwortung der Industrie für die Bewältigung der Umweltfolgen ihrer Tätigkeit und fordert aktive Konzepte zur kontinuierlichen Verbesserung des betrieblichen Umweltschutzes.

Regelmäßige Umweltbetriebsprüfungen und Begutachtungen sind zentraler Bestandteil des in der Verordnung geforderten Umweltmanagementsystems.

Die EU-Kommission hat durch diese Verordnung ("über die freiwillige Beteiligung gewerblicher Unternehmen an einem Gemeinschaftssystem für das Umweltmanagement und die Umweltbetriebsprüfung") zwei völlig neue Berufsbilder geschaffen:

Umweltbetriebsprüfer und Umweltgutachter

Aufgaben und Qualifikationen der Umweltbetriebsprüfer und -gutachter ergeben sich einerseits aus der Verordnung selbst, den relevanten Normen und aus den Bestimmungen des Umweltauditgesetzes (UAG). Auf dieser Basis hat das Umweltinstitut Offenbach ein modulares Fortbildungskonzept entwickelt, das der "Deutschen Akkreditierungs- und Zulassungsgesellschaft für Umweltgutachter (DAU)" zur Anerkennung vorgelegt ist und der Vorbereitung auf die Zulassungsprüfung für Umweltgutachter dient.

Aufbauend auf den gesetzlich definierten Einzelnachweisen der Fach/Sachkunde als Betriebsbeauftragte für Abfall, Gewässerschutz und Immissionsschutz werden die Fachkenntnisse über "Methodik und Durchführung der Umweltbetriebsprüfung" vermittelt.

Umweltbetriebsprüfer belegen zudem das Modul "Kommunikation im Betrieblichen Umweltschutz", Umweltgutachter belegen das Modul "Betriebliches Management und Organisation des Umweltschutzes".

Pflichtmodule für Umweltbetriebsprüfer und Umweltgutachter

Modul 1: Betriebsbeauftragte/r für Abfall - 5-täg. Sachkunde-Seminar

Modul 2: Betriebsbeauftragte/r für Gewässerschutz - 5-täg. Fachkunde-Seminar

Modul 3: Betriebsbeauftragte/r für Immissionsschutz - 5-täg. Fachkunde-Seminar

Modul 4: Methodik und Durchführung der Umweltbetriebsprüfung (Umwelt-Auditor) - 4-täg. Sem.

---

sowie zusätzlich:

Pflichtmodul für Umweltbetriebsprüfer	**Pflichtmodul für Umweltgutachter**
Modul 5: Kommunikation im betrieblichen Umweltschutz - 4-tägiges Praxisseminar *(für Umweltgutachter freiwillig)*	**Modul 6**: Betriebliches Management und Organisation des Umweltschutzes - 4-tägiges Seminar *(für Umweltbetriebsprüfer freiwillig)*

Das Umweltinstitut Offenbach hat die **Software "Öko-AUDITOR"** zur praktischen Unterstützung des gesamten Audit-Prozesses entwickelt. Sie führt den Anwender durch die Umweltprüfung und zeigt die nach EG-Verordnung zu bearbeitenden Aufgaben an. Das Programm ist als Demo-Version erhältlich. Fordern Sie Informationen an!

Springer
und
Umwelt

Als internationaler wissenschaftlicher
Verlag sind wir uns unserer besonderen
Verpflichtung der Umwelt gegenüber
bewußt und beziehen umweltorientierte
Grundsätze in Unternehmens-
entscheidungen mit ein. Von unseren
Geschäftspartnern (Druckereien,
Papierfabriken, Verpackungsherstellern
usw.) verlangen wir, daß sie sowohl
beim Herstellungsprozess selbst als
auch beim Einsatz der zur Verwendung
kommenden Materialien ökologische
Gesichtspunkte berücksichtigen.
Das für dieses Buch verwendete Papier
ist aus chlorfrei bzw. chlorarm
hergestelltem Zellstoff gefertigt und im
pH-Wert neutral.